王家の遺伝子

DNAが解き明かした世界史の謎

石浦 章一 著

ブルーバックス

カバー装幀／芦澤泰偉・児崎雅淑
カバー写真／アフロ
本文デザイン・図版制作／鈴木知哉＋あざみ野図案室

はじめに

あなたはいったい、自身の祖先を何代前までさかのぼることができるだろう?

5〜6代? あるいは10代以上という人もいるだろうか?

過去の歴史を知りたいとき、私たちは通常、文書に残された記録をひもとく。時代時代の公的な歴史＝正史に記された物語を読むこともあるし、一族の来歴であれば、口承で伝えられたファミリーヒストリーがあるかもしれない。

いずれにしても、それらは、言語を介したものだ。そう、私たち人類は、自らの来し方を言葉を通じて振り返り、代々受け継いできた。そして時に、その物語には飛躍や欠落、あるいは意図的な秘匿があり、歴史のミステリーとして、後世に生きる者たちの想像力をかき立ててくれる。

しかし、歴史をいまに伝えるのは、書き言葉や話し言葉に限ったものではない。DNAという分子に刻まれた「遺伝子」もまた、私たち人類がたどった過去の時間を記録している。

——歴史は、言語だけでなく、DNAによっても紡がれているのだ。

2010年代以降、DNAに刻まれた歴史を読み解く試みが多数なされ、論文として報告されてきた。その対象となったのは、家系が克明に記録され、なおかつ遺体（遺骨）がなんらかのかたちで保存されてきた人たち、すなわち「王家」の人々である。

本書では主に、英国王室とエジプトのファラオを対象におこなわれたDNA解析の結果をもとに、それが、これまで伝えられてきた歴史とどう合致し、どう異なるのかを紹介していく。

たとえば、ある有名な英国王に関しては、人々が従来、抱いてきたイメージとは異なる実像が明らかになる。実際の姿とはかけ離れた〝虚像〟がなぜ、独り歩きしてきたのか、その理由にも迫っていく。

また、「永遠の生」を求め、自らをミイラ化したファラオたちは、数千年の時を超えて現在の私たちにDNAを伝えてくれている。彼らのDNA解析から判明した、意外な事実とは？

先にも記したように、歴史には「飛躍や欠落、あるいは意図的な秘匿」が含まれている。あらゆる出来事を記録するのがそもそも不可能であることに加え、後世の人間にとって最も都合のよい事実だけが、時に脚色をまじえながら伝えられてきたことが、その理由だ。

しかし、DNAに刻まれた歴史には、都合よく脚色を施すことはできない。そして、物質としてのDNAが残るかぎり、そこに記録されたすべての過去は、飛躍も欠落もなく現在に伝わっている。遺体（遺骨）の残された王家の人々から抽出したDNA、すなわち「王家の遺伝子」こそ、言語で記された歴史からだけでは見えない史実を、いまに伝えてくれているのだ。

歴史が科学と出会い、科学が歴史を書き換える——。「DNAが歴史のミステリーを解き明かす時代」が到来しているのである。

本書では、王家の遺伝子にまつわる物語を縦糸にしながら、その解析を可能にした生命科学の最新情報も織り交ぜていく。

王家の人々のみならず、すべてのヒトは同じDNAをもつ。では、個々の人物を特定するための違い＝個人差は、DNAのどこにあるのか？

DNAを解析することで、「何が」「どこまで」わかるのか？

遺伝子はいったい、「何を」「どこまで」決めているのか？

ヒトのDNAのじつに50％近くが「繰り返し配列」でできているという。果たしてそれは、どんな意味をもっているのか？

話題のゲノム編集は、望みどおりの外見や能力をもつ「デザイナーベビー」を可能にするか？

絶滅した生物を蘇らせるという合成生物学とは？

世界史の謎解きを楽しみながら、DNAや遺伝子に関する理解を深めていただければ幸いである。

もくじ

プロローグ　欺《あざむ》かれたシェイクスピア

⚜「醜悪な悪役」

「馬をくれ、馬を！　馬のかわりにわが王国をくれてやる！」

1485年8月、30年におよんだ英国王室の権力闘争が、最終盤の重要局面を迎えていた。赤い薔薇《ばら》を記章とするランカスター家と、白い薔薇を記章とするヨーク家が争ったことから、後世、「薔薇戦争」とよばれる闘いである。

現国王を擁するヨーク派に対抗して王位を争ったランカスター派を率いるリッチモンド伯ヘンリー・テューダーは、ボズワースの戦いにおいて軍勢の劣勢を跳ね返し、優位に立っていた。

追い詰められた国王は冒頭の台詞を発し、起死回生の戦いを挑むも、非業の死を遂げる。英国王室の歴史上、3人目にして最後の戦死者となったその国王の名は、リチャード3世。わずか32歳での夭逝《ようせい》であった。

それから約80年後――。

リチャード3世を討《う》ったリッチモンド伯ヘンリー・テューダーがヘンリー7世として即位し、統治を開始したテューダー朝下に、のちに「英語を用いて創作した最も偉大な作家」と評されることになる人物が誕生する。詩人であり、劇作家であった、ウィリアム・シェイクスピア（1564～1616年）その人である。

リチャード3世とシェイクスピアには、因縁浅からぬ関係がある。

壮絶な死を遂げた国王は、シェイクスピアの〝お気に入り〟として、彼の三つの作品に登場する。なかでも有名なのは『ヘンリー六世』と『リチャード三世』で、いずれにおいても醜悪な姿をした悪役として描かれている。

以下、シェイクスピアの戯曲全37篇を個人として全訳したことで有名な小田島雄志の邦訳から引用しよう（いずれも白水社刊『シェイクスピア全集』より。なお、同訳文には、「不具」「かたちんば」「びっこ」をはじめ、現代の良識・人権感覚から見て、明らかに差別的な表現が含まれている。しかし、そのような表現が用いられる背景となった歴史的経緯と、本書で紹介する科学的事実とのあいだにある距離感を、読者のみなさんに体感・考察していただくために、ここではそのまま引用する）。

たとえば、『ヘンリー六世』でシェイクスピアは、リチャード3世に次のような独白をさせている。

「おれの腕をいじけた灌木のようにねじ曲げ、
おれの背中に意地悪い小山のような瘤《こぶ》をこさえ、
その上に不具という名の嘲笑のかたまりをすわらせ、
おれの足を左右かたちんばの長さに仕立てあげ、
おれのからだをどこもかしこもむちゃくちゃにしたのだ」

また、『ヘンリー六世』ののちに書かれた『リチャード三世』には、次のようなくだりがある。

「このおれは、生まれながら五体の美しい均整を奪われ、
ペテン師の自然にだまされて寸詰まりのからだにされ、
醜くゆがみ、できそこないのまま、未熟児として、
生き生きと活動するこの世に送り出されたのだ。
このおれが、不格好にびっこを引き引き
そばを通るのを見かければ、犬も吠えかかる」

勝者によって書かれた歴史

『リチャード三世』は、シェイクスピアが初めて特定の人物を主人公に据えた作品として知られる。そしてその成功は、この劇作家が名声を築いていく礎《いしずえ》となった。

『リチャード三世』は再三にわたって各国の舞台で上演され、映画化も複数回なされている。とりわけ有名なのが、英国を代表する名優、ローレンス・オリヴィエが自ら監督、脚本、主演を務めた1955年の作品だろう。

『リチャード三世』がこれほど広く支持される理由の一つに、極端な異貌として描かれ、異様な存在感を発揮する主人公＝リチャード3世の悪魔的な魅力があることは間違いない。

なにしろシェイクスピアは劇中で彼を、長兄・エドワード4世の子どもで後継者と目されたエドワードと、その弟のリチャード（つまり、彼自身の実の甥たち）を殺し、さらには次兄のクラレンス公と自らの妻である王妃アンまでをも手にかけた〝極悪非道な王〟として描いているのだ。

ところが、すっかり悪役のイメージが染みついたリチャード3世は、謎に包まれた王でもあった。シェイクスピアは「不具」や「びっこ」などと表現したが、実際にはそうではなかったという指摘も残されている。また、王妃アンの死因についても、長く患っていた結核が原因とする説もあり、詳細はわかっていない。

それでは、シェイクスピアはなぜ、リチャード3世をこれほど醜悪な人物として描いたのか？歴史は勝者によって書かれる、という。リチャード3世を倒すことによって樹立されたテューダー朝の時代に生きたシェイクスピアにしてみれば、前王権を悪役に仕立て、現王権の勝利で終わる筋書きは、自身を庇護してくれたテューダー朝を礼賛するものでもあったのだ。

⚜行方不明だった遺体

ところが、さしものシェイクスピアにも、予想もつかない出来事が起こった。

じつは、リチャード3世の遺体は没後、いったんは埋葬されたのちに行方不明となっていた。シェイクスピアによる描写がある種の信憑性をもって人々に受け入れられてきた一因として、「遺体の行方が杳《よう》として知れない」というミステリアスな事実が大きくはたらいていたのは否定しがたいはずだ。

ところが、ロンドン五輪が閉幕して間もない2012年の晩夏、おどろくべきニュースが世界中をかけめぐった。

イングランド中部の都市・レスター市内の駐車場で、リチャード3世のものと思《おぼ》しき人骨が発見されたのである。

リチャード3世協会（ソサエティー）やレスター市、レスター大学などの協力のもとで調査がおこなわれ、この人骨には「駐車場の王様（King in the car park）」という名前がつけられた。

21世紀になって掘り起こされたこの人骨からは、DNAが抽出され、詳細な鑑定がおこなわれた。その結果、400年前に生きた大作家が、〝ある間違い〟を犯していたことが判明したのである。

「駐車場の王様」は、ほんとうにリチャード3世だったのか？

そこに残されたDNAは、いったい何を知っていたのか？

そして、シェイクスピアが欺かれてしまった彼の身体的特徴とは？

生命科学の進展が可能にしたDNAの詳細な解析は、英国王室を震撼させるある意外な事実をも指し示していた——。

歴史と科学が出会い、科学が歴史を書き換える現場に、早速出かけることにしよう。

第1章

駐車場から掘り起こされた遺体

——行方不明だった国王の秘密

英国・レスター市の駐車場から見つかった
人骨の正体は……？

ロイター／アフロ

⚜骨肉の争いをした歴代の王たち

２０１２年に英国レスター市の駐車場から掘り起こされた人骨、すなわち「駐車場の王様」は、リチャード3世の遺体とされ、全世界からの注目を集めることとなった。その正体を探る前に、この謎めいた国王をめぐる人物像を確認しておこう。

リチャード3世の物語を理解するには、図１－１に示す、プランタジネット朝の家系図をご覧いただくのが手っ取り早い。

プランタジネット朝の始祖は、フランスの貴族であったアンジュー伯アンリである。１１５４年、このアンジュー伯アンリがイングランド王ヘンリー2世として即位したところから、同朝の歴史がはじまった。

ヘンリー2世から数えて5代目にあたる国王が、エドワード1世である（図１－１に①として示す）。プランタジネット朝の最後の王が誰であるかについては複数の考え方があり、狭義では、エドワード黒太子の息子であるリチャード2世（同④）までとしている。

そのリチャード2世を廃位して、新たに王座に就いたのがヘンリー4世である（同⑤）。ヘンリー5世（同⑥）、ヘンリー6世（同⑦）とつづくこの王統は、エドワード3世（同③）の子息

《図1-1》プランタジネット朝

○の数字は、王位継承順（ヘンリー7世はテューダー朝の始祖）

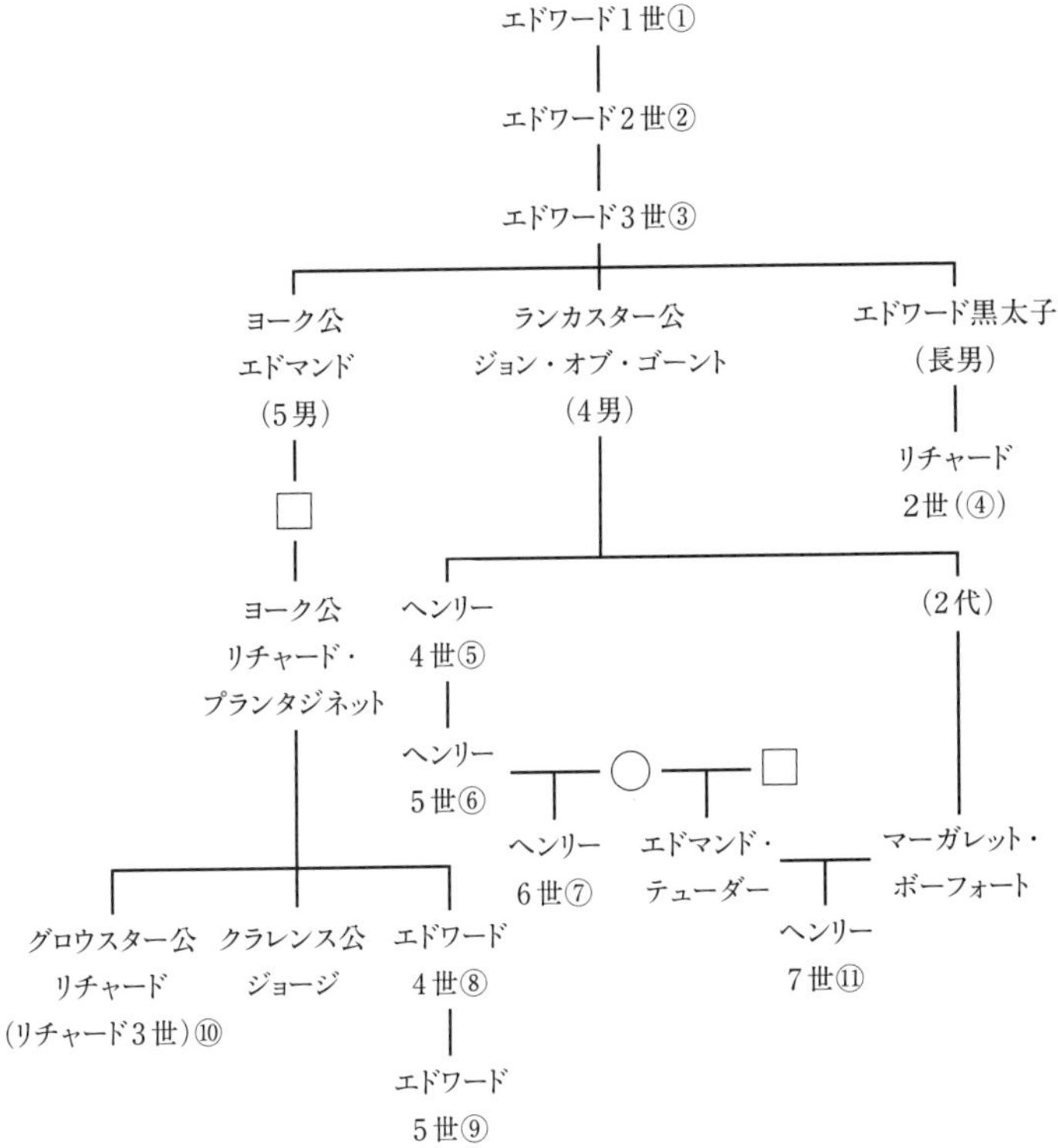

□…男性　○…女性

であるランカスター公ジョン・オブ・ゴーントを始祖としてはじまることから、ランカスター朝とよばれている。

また、ヘンリー6世を廃位して、その後の国王となったエドワード4世(同⑧)とその息子・エドワード5世(同⑨)もまた、エドワード3世の系譜につらなっており、こちらはヨーク公エドマンドを祖にもつことからヨーク朝とよばれている。

ランカスター朝とヨーク朝が、ともにプランタジネット家の男系家系にあたることから、広義ではプランタジネット朝に含まれるとする考え方があり、その場合は、ヨーク朝最後の王であるリチャード3世(同⑩)が、同時に、プランタジネット朝の最後の国王ということになる。

そのリチャード3世を討伐することで王位を得てテューダー朝を興したのは、プロローグでも紹介したとおり、リッチモンド伯ヘンリー・テューダー、のちのヘンリー7世(⑪)である。

図1-1からわかるとおり、テューダー朝は女系でプランタジネット家の血を引いている。現在のウィンザー朝にいたるまで、その後のすべての王朝も同様に、プランタジネット朝の女系親族にあたる家系がつづいている。

⚜「公、侯、伯、子、男」

エドワード3世（図1-1の③）には、長男であるエドワード黒太子のほかに、4男のランカスター公ジョン・オブ・ゴーント、5男のヨーク公エドマンドなどがいたわけだが、4男の系譜につらなるランカスター家（赤薔薇）と、5男の血を引くヨーク家（白薔薇）が争った王権闘争が、やがてリチャード3世が命を落とすこととなる「薔薇戦争」であった。

英国王室の称号に詳しくない読者のために、ここで、当時の爵位について、かんたんにまとめておこう。

表1-1に示すのは、「公、侯、伯、子、男」とよばれる栄誉称号で、公爵が最も高位とされている。ここまでに登場したクラレンス公とかリッチモンド伯といった呼び名は、このような爵位を示したものだ。

現在の英国王室のウィリアム王子は、「ケンブリッジ公爵（Duke of Cambridge）」に叙せられている。表1-1に示した英名を見れば、グレイ伯爵が好んで飲んだ紅茶がどうよばれているか、一目瞭然だろう（もちろん、アールグレイティーだ）。

なお、騎士（ナイト）というのは、これら爵位より一段低い称号だが、ナイトに叙せられると、敬称の「サー（Sir）」をつけてよばれるようになる。元ビートルズのポール・マッカートニーとリンゴ・スターが授与されていることは有名だ。

《表1-1》爵位

公爵	Duke	軍団の長
侯爵	Marquis	国境守備司令官
伯爵	Earl/Count	各地の総督
子爵	Viscount	副総督
男爵	Baron	地方の有力者
騎士	Knight	

⚜「プリンス・オブ・ウェールズ」とは？

それでは、「大公」とはどのような存在なのだろうか？

英国王室の現在の王位継承者であるチャールズ皇太子は、「Prince of Wales（ウェールズ大公）」とよばれている。21世紀までに21人のウェールズ大公が生まれ、うち15人が王位に就いた。

ウェールズ大公が王位継承者とされるようになった発端は、エドワード1世の統治下にあった14世紀までさかのぼる。当時の英国は、イングランド、スコットランド、ウェールズの3領域に分かれており、人口はそれぞれ、500万〜700万人、100万人弱、25万人程度であった。

ウェールズには特定の王が存在せず、群雄割拠の状態にあったといわれている。1348年から1350年にかけて大流行したペスト（黒死病）によって人口の3割が死亡し、税収が急減したイングランド王・エドワード1世が、ウェールズをはじめとする他の地域に課税したために、さまざまな悶着が生じた時代だった。

エドワード1世は、王位継承権第1位を「ウェールズ大公」とし、ウェールズで生まれ、英語を話さず、過去に一度も罪を犯していない、という3条件を満たす者を選ぶことに定めた。そしてなんと、産まれたてのわが子を任命したことは有名である。

〝キングメーカー〟をめぐる人間模様

もう少し細かく、リチャード3世が即位し、やがて倒されるまでの経緯を追ってみよう。図1−2は、本章の主人公たちの家系図である。

即位する以前のリチャード3世は、先に紹介した爵位にもとづき、グロウスター公リチャードとよばれていた。リチャード3世の2代前の王であるエドワード4世は、ともにヨーク公リチャード・プランタジネットを父にもつ長兄であり、〝キングメーカー〟(王位請負人)と称されたウォーリック伯リチャード・ネヴィルによって擁立された。

ウォーリック伯はまた、自らの長女であるイザベルを次兄のクラレンス公ジョージに嫁がせ、キングメーカーとしての権力基盤を整えていった。リチャード・ネヴィルに率いられたネヴィル一族の台頭は、エドワード4世にとって不満のタネであり、しだいに彼はウォーリック伯と距離をとるようになっていく。やがて、ウォーリック伯の勧めるフランスとの縁談を断り、低い身分の出身で寡婦であったエリザベス・ウッドヴィルと結婚したのであった。

エドワード4世はその後、気に入らないウォーリック伯を討ち取ってしまう。同時に王は、弟のクラレンス公が王位をうかがっているのではないかと疑いはじめた。そして、これを牽制する

《図1-2》グロウスター公の家系

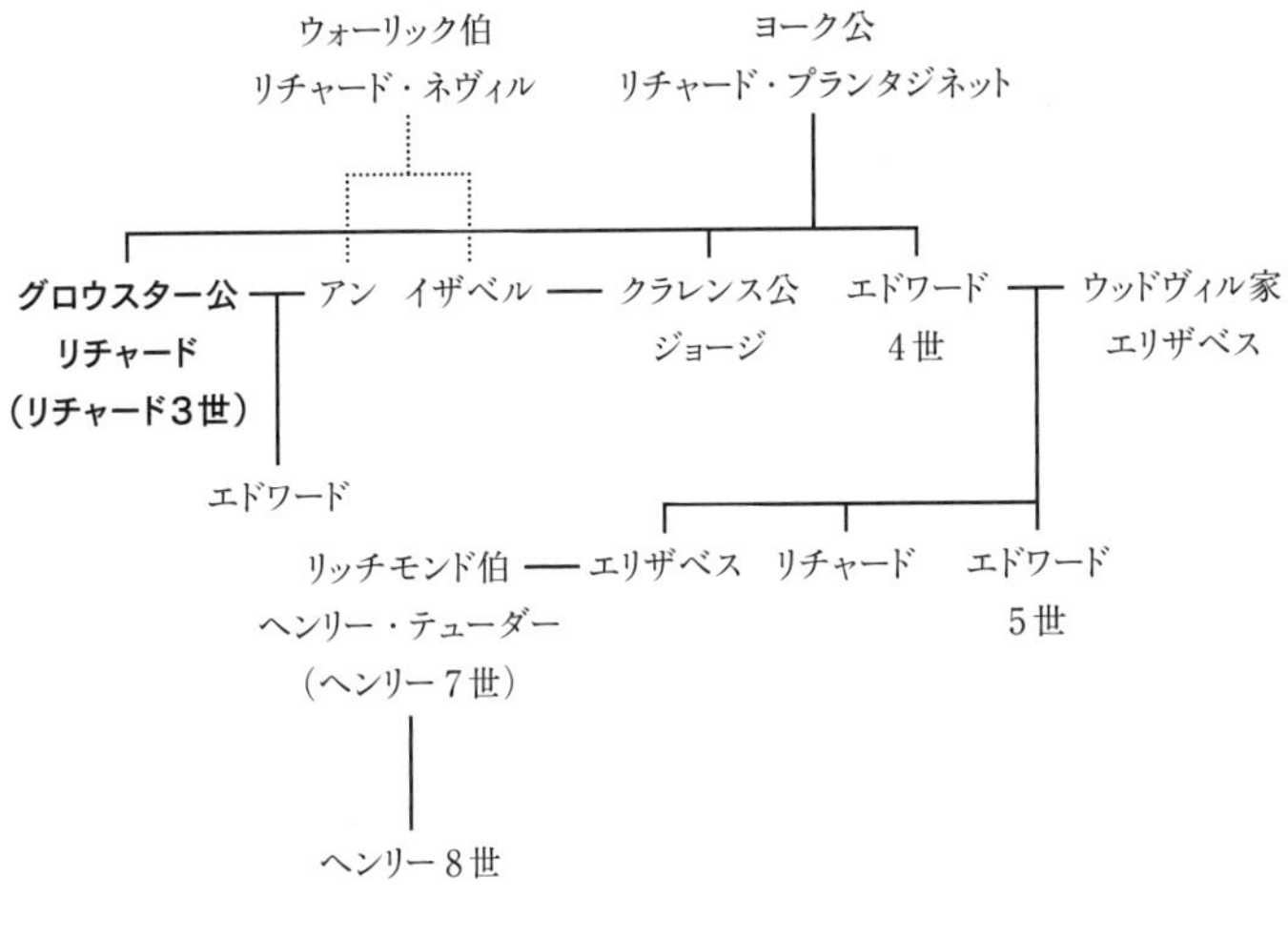

ためにイザベルの妹であるアンをグロウスター公リチャードに嫁がせ、ウォーリック伯の所領をもリチャードに与えてしまったのである。

クラレンス公はその後、反逆の咎《とが》で処刑されたが、シェイクスピア劇においては、リチャードが長兄をそそのかしたことになっている。

盤石な王権を築いたかに見えたエドワード4世は40歳で急死し、その子エドワードが12歳で即位してエドワード5世となった。

幼い甥の即位を受けて、グロウスター公リチャードは護国卿の地位に就いた。護国卿とは、王権に匹敵する最高統治権を認められた重職であり、王が幼年の時期や、あるいは執務遂行ができない状況にあるときの「後見人」としての役目を担うポジションである。

実の甥を手にかけたのか

護国卿となったグロウスター公リチャードはすぐさま、その権力を誇示していく。

前王妃であるエリザベスとその出身家であるウッドヴィル家と対立し、まずはエドワード5世の叔父であるリヴァーズ伯アンソニー・ウッドヴィルを処刑して同家の力を削《そ》いだ。

次いで、「エドワード5世もその弟であるリチャードも、エドワード4世の庶子であり、エリザベスが皇太后として権力を握るためにウソをついている」という風聞を流し、エドワード5世と弟リチャードの二人をロンドン塔に幽閉した。その後、エドワード5世を廃して、リチャード3世として自ら即位したのである（1483年）。少年王であったエドワード5世の在位期間は、わずか2ヵ月半という短さであった。

このあたりはシェイクスピアの独擅場で、『リチャード三世』の書き出しは次のようになっている（前掲の小田島雄志訳『シェイクスピア全集』より）。

Now is the winter of our discontent
Made glorious summer by this sun of York;
（われらをおおっていた不満の冬もようやく去り、ヨーク家の太陽エドワードによって栄光の夏がきた）

また、リチャードが、先王の2子（実の甥）を評する場面では、こう独白させている。

So wise so young, they say, do never live long.

（諺《ことわざ》にもある、幼いうちから賢いものは長生きできぬと）

幽閉されたエドワード5世と、その弟リチャードの二人は、ロンドン塔の庭で遊んでいる姿を目撃されているが（Princes in the tower）、数ヵ月後にはそれも途絶えた、という言い伝えがある。この場面を演じたローレンス・オリヴィエ扮するリチャード3世の迫真の演技は必見だ。

リチャード3世の即位後、息子エドワードが11歳でこの世を去り、また、王妃となった妻アンも急死している。シェイクスピア劇では、ともにリチャード3世が殺害したことになっているが、史実とは異なるという指摘もなされている。前述のとおり、テューダー朝を礼賛するシェイクスピアにとって、リチャード3世は敵役であり、そのことが、過度に残酷な人物像を描かせたものと推測されている。

ところで、ここに登場した「キングメーカー（King Maker：王位請負人）」や「護国卿（Lord Protector：幼王の後見人）」という言葉を耳にしたことがあるという人も多いだろう。前者は、我が国でも陰の実力者といわれる政治家が自分の思うままに首相を決める、といった出来事が繰り返し起こっているので覚えている人も多いはずだ。護国卿も、字面とは異なる意味をもつので注意されたし！

⚜消えた遺体の謎

プロローグで紹介したように、リチャード3世は、薔薇戦争に終止符を打った1485年のボズワースの戦いにおいて落命したと伝えられている。

この戦におけるリチャード軍は総勢1万1000〜1万2000人、対するヘンリー軍は5000〜7000人だったといわれているが、劣勢だったヘンリー軍に援軍が現れたことで戦況は一変する。やがて追い詰められたリチャード軍は戦意を喪失し、王を残して敗走したという。

討ち死にしたリチャード3世の亡骸は甲冑を脱がされ、衣服も剝《は》ぎ取られたうえで馬に乗せられて運ばれた。当時の慣習にしたがった〝見せしめ〟である。

遺体はその後、戦場にほど近いレスターの町にあるグレイフライヤーズ修道院（教会）に運ばれ、埋葬された。ところが、同教会は、宗教改革を断行したヘンリー8世の命によって解体され、リチャード3世の遺体はもちろん、埋葬された墓の正確な位置さえわからなくなってしまった。

掘り返された遺体が川に投げ捨てられたとか、橋のたもとに埋め直されたといった都市伝説が生まれたが、いずれも真偽のほどはわからなかった。遺体を収めていた棺が酒場にあるのを見た、といった珍妙な証言も歴史に残っている。

シェイクスピアによって異貌の悪役のイメージがすっかり定着したリチャード3世の物語が、新たな展開を迎えたのは2012年8月のことである。

きっかけは、古地図の詳細な解析によって、かつて教会が建っていた場所が特定されたことだった。その場所は2012年当時、公営の駐車場になっていた。

現存するリチャード3世協会、レスター市、レスター大学などが協力して駐車場を発掘したところ、頭蓋骨に複数の傷をもつ遺骨が見つかったのである。このニュースに、英国中が興奮した。

「消えた遺体が見つかった！　これこそ、悪名高きリチャード3世の亡骸だ！」

現代生命科学の武器――DNA鑑定

「駐車場の王様」は発見の翌年である2013年2月、世間の期待どおり、リチャード3世の遺骨に間違いないと断定された。

およそ530年も前の遺体を、どのように〝個人特定〟したのか？

その有力な武器となったのが、「DNA鑑定」である。

DNA鑑定とは、DNAの個々人によって異なる部分を検査することで、個人を識別・特定するためにおこなわれる解析手法だ。犯罪捜査における犯人特定（あるいは冤罪の回避）や、親子関係の鑑定などに用いられるもので、ニュース等でもよく目にするようになってきた。

DNAとは何か？

「デオキシリボ核酸」とよばれる、私たち生命のあらゆる遺伝情報を収納した物質である。「遺伝」、「遺伝子」との違いがよく混同されるが、遺伝が身体的特徴や他のさまざまな形質が世代を超えて引き継がれる「現象」そのものを指し、遺伝子がそれを規定する《コード》「情報」であるのに対し、DNAはデオキシリボ核酸という「物質」そのものである点に違いがある。

そしてDNAは、私たちの身体を構成するすべての細胞に一つずつある「細胞核」のなかに収められているが、その際、ヒストンとよばれるタンパク質の一種に絡まるようにして折りたたまれた状態になっている。これを「染色体」とよび、ヒトでは23対46本の染色体が存在している。

そのうち1対は、性別を決定するのに関わることから「性染色体」とよばれ、他の22対は「常染色体」と区別されている。女性の性染色体が2本のX染色体から、男性の性染色体がX染色体とY染色体の各1本ずつから構成されていることをご存じの人も多いだろう。Y染色体には、精巣の決定因子をコードする領域があり、これをもつために男性になるというわけだ。

では、遺伝子とは何なのか。

私たちの身体を構成したり、代謝などの生命を維持する役割を担うタンパク質や、細胞中に存在するもう一つの核酸であるRNA（リボ核酸）をコードする一連の情報配列を「遺伝子」とよぶ。その情報は、具体的にはDNAを構成する4種類の「塩基」、すなわちアデニン（A）、チミン（T）、シトシン（C）、グアニン（G）によって書かれている（ただし、RNAの場合は、チミン＝Tの代わりにウラシル＝Uが含まれるという特徴がある）。この4種類の塩基が、いわば、英語のアルファベットのような役割を果たすことで、さまざまな遺伝情報が構築されているのだ。

わずか4文字で、複雑な生命のあらゆる情報を担っていることにおどろくだろう。そのしくみは以下のとおりだ。

まず、DNAの情報がRNAに移される。RNAの4種類の塩基が三つずつ配列することによって、アミノ酸の情報を規定する。そのアミノ酸のならびによって、次にタンパク質が構成され、身体をつくったり体内でさまざまなはたらきをするわけだ。

なお、遺伝子には、直接的にはタンパク質をつくるアミノ酸の配列をコードしていないものもあり、リボソームRNA（細胞内小器官の一つであるリボソームを構成するRNA）や低分子R

NA（他のRNAの発現を調節するはたらきをもつ）をコードするなど、他にもさまざまな機能があることが知られている。

⚜「繰り返し配列」に注目せよ

面白いことに、私たちのDNAには、4種類の塩基からなるある特定の配列が、繰り返し何度もつづく箇所が複数あることが知られている。この繰り返し配列を「マイクロサテライト」とよぶが、このマイクロサテライトこそ、DNA鑑定の重要なキーパーソンの一人なのだ。

私たちはみな、必ずふた組のDNAをもっている。父由来のものと、母由来のものだ。両者に含まれるマイクロサテライトの、繰り返し数の微妙な差異を見極めることで、DNA鑑定をおこなうのである。

リチャード3世のDNA鑑定で使われたものの一つに、「DYS643」というマイクロサテライトがある。Y染色体上にある「CTTTT」という5文字の繰り返し領域である。

DYS643は、Y染色体にある遺伝子座のシングルコピー（Y染色体上には、この配列は一つしかない、ということ）の643番目という意味を表しているが、ここではそのような繰り返し配列があると理解していただければ十分である。

このDYS643の繰り返し数が、人によって8、9、10、11、12、13、14の7パターンあり、その頻度がそれぞれ、2、9、41、22、19、6、2パーセントであることがわかっている。

DYS643のデータが「10」ということは（CTTTT）×10という意味である。Y染色体は男性にのみ、かつ1本しかないので、父からそのまま息子に伝えられる。この数字が、その人のもつ繰り返し数となるので、もし父が「10」で、息子が「12」なら、この二人の父子関係に疑問が生じる、ということである。

もちろん、この1ヵ所のみの検査では、たまたまその部位になんらかの変異が起こった可能性も考えられるので、父子関係がないと断定することはできない。

そこで、同じY染色体中の他のマイクロサテライトを複数箇所調べることで、親子鑑定の精度を上げていくことになる。

実際に多くの国で調査した結果によれば、正しいとされている父親と男の子のあいだでも、1～2パーセントの不一致が生じることが知られている。我が国では、実際に親子鑑定をおこなった父親と男の子のあいだに、親子関係がないと鑑定されたケースが3割ほど存在するという報告もある。

⚜Y染色体とミトコンドリアDNA

親子の遺伝関係について、もう一つ大切なことを述べておこう。キーワードは、「Y染色体」と「ミトコンドリアDNA」だ。

図1－3は、息子二人、娘二人がいる家族を表している。性染色体によって各人を表すと、母親（性染色体はXX）と父親（同じくXY）から息子と娘ができるわけだから、息子には必ず父親のY染色体が伝えられていることがわかる。

母親の卵子と父親の精子が受精して生殖細胞ができる際には、「染色体の組換え」という現象が起こる。それぞれに由来する染色体のうち、対応するものどうしがならんだ後に中間部分でねじれが生じ、ねじれた部分で切断される。それぞれ相手の染色体の対応する部分どうしが結合することで、染色体が組み換えられるのだ。

同じ両親（すなわち、同じ染色体の組み合わせ）から生まれても、面立ちや性格など、兄弟姉妹間でさまざまに特徴が異なるのはこのためだ。

ところが、X染色体とY染色体のあいだでは通常、組換えは起こらないので、父のY染色体はそっくりそのまま息子に受け継がれることになる。

《図1-3》Y染色体とミトコンドリアDNA

男性系統にはY染色体が伝わる（父から息子に）
女性系統にはミトコンドリアDNAが伝わる（母からすべての子どもに）
□…男性　○…女性

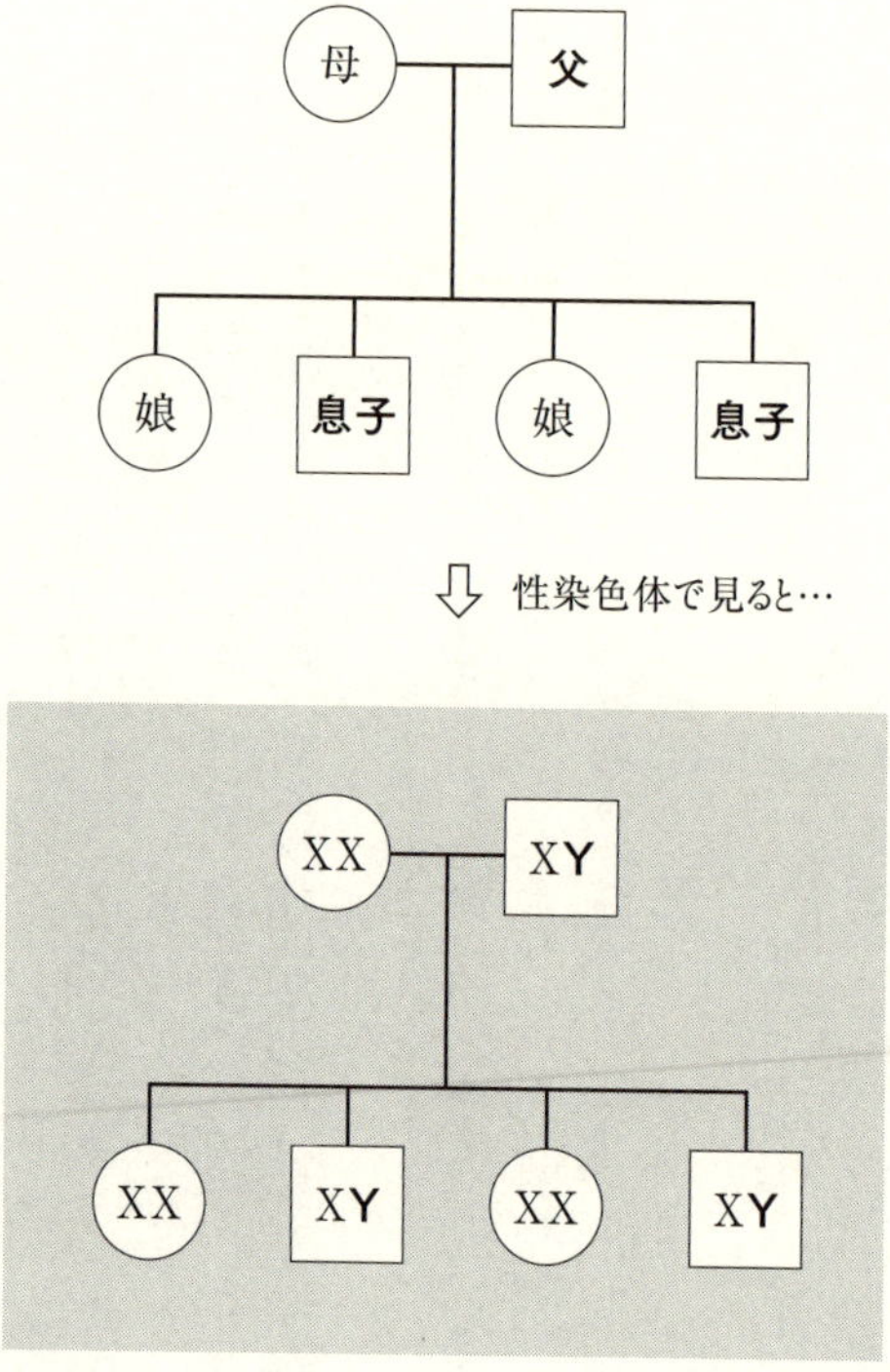

一方、母親からすべての子に引き継がれるものとして、ミトコンドリアDNAというものが存在する。

ミトコンドリアは、すべての細胞のなかにあって、生命活動に必要なエネルギーを供給するはたらきをもつ器官である。細胞核のなかにあるDNAとは別に、独自のDNAをもっており、これをミトコンドリアDNAとよぶ。

ミトコンドリアDNAは、男性系統で男性にのみ伝わるY染色体とは対照的に、女性系統で男女に伝わっていく。あなたが男性であれ女性であれ、あなたのミトコンドリアDNAは必ず、あなたの母親に由来するものであり、仮にあなたが男性で娘をもっているなら、娘のもつミトコンドリアDNAはすべて、母親から伝わったものなのである。

父親のミトコンドリアDNAはなぜ、子どもに伝わらないのか？

じつは、精子の内部にもミトコンドリアDNAは存在するのだが、精子の中ほどにあったミトコンドリアDNAは受精時に切り離され、卵子の内部に入っていけないのである。たまに誤って卵内に入ってきた精子由来のミトコンドリアDNAも、すぐに処理されてしまい、受精卵には残らないしくみになっている。

このため、女系がつづくかぎり、同じミトコンドリアDNAがずっと伝わっていくことになる。

それでは、歴史の研究において、男系、女系のどちらが追跡しやすいといわれているのだろうか？

一般には男系のほうが、称号があることで追いやすいといわれている。一方の女系は、結婚後に名前が変わるなど、正確な家系をたどりにくい事情があるからだ。

ところが、男系には「父子関係」がわかりにくい場合がある。他家から養子をとって家督を継いだ場合があるからである。母子関係は比較的はっきりしているので、その意味では間違いが起きにくい。

⚜3人の親がいる子ども⁉

「3人の親がいる子ども」の話を聞いたことがあるだろうか？

奇っ怪な話だが、〝実在〟しうるのだ。謎解きのカギはミトコンドリアDNAが握っている。

前述のように、同じ母親から生まれる子どもには、すべて同じミトコンドリアDNAが受け継がれる。このため、ミトコンドリアDNAに異常があって、ミトコンドリア病の症状が出ている母親の子どもはみな、母親と同じ病を患うことになる。

《図1-4》核移植による「親が3人いる子ども!?」

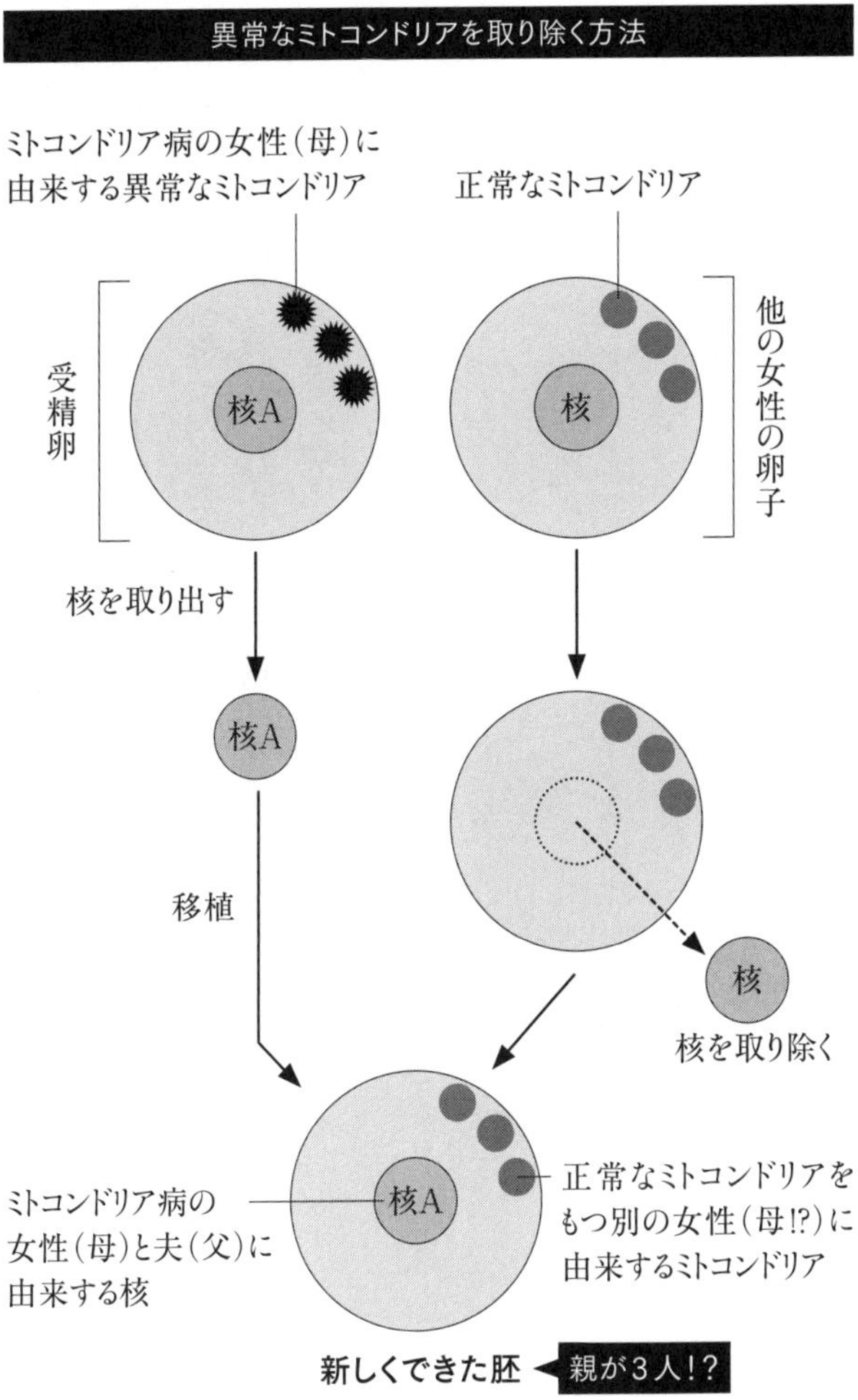

この厄介な遺伝病を治療するための唯一の方法が「核移植」である（図1－4）。

まず、両親の受精卵から細胞核だけを抜く（これを「核A」とする。この操作で、細胞質にあった異常なミトコンドリアは取り除かれる）。次に、正常なミトコンドリアをもつ他の女性から卵子の提供を受けて、この卵子からも細胞核を取り除く。

核を取り除いた提供卵子に核Aを注入すれば、両親の細胞核に含まれるDNAと、卵子提供者の正常なミトコンドリアをもつ卵が得られる。こうして得られた卵を母親の子宮に戻せば、先天的なミトコンドリア病をもたない子どもが生まれる。

しかし、よく考えてみると、この子は3種類のDNAをもっていることになる。両親からのDNAに加え、卵子提供者に由来するミトコンドリアDNAがあるからだ。その結果、「親が3人いる⁉」ということになってしまうのだ。

単なる絵空事ではなく、実際に、この核移植が認められている国があることから、「3人の親がいる子ども」はかなりセンセーショナルに報道された。

ただし、この問題の核心部分は解決ずみであるとする考え方もある。このようなかたちでの提供卵は、移植臓器と同じ扱いを受けるため、現在のところ、倫理的な問題はないとされているのだ。

「おかしいじゃないか」と感じる人もいるだろう。

臓器提供と同様にとらえる考え方の根拠としては、ミトコンドリアDNAに37個の遺伝子しか存在しないことがある。現実的に、無視できる量だからである。

心臓移植や生体肝移植、あるいは輸血を受けた人の体内にも、それらの提供者に由来するDNAが含まれることになるが、これをもって「3人以上の親がいる」とはいわない。それと同じ、というとらえ方なのである。

⚜駐車場から掘り起こされた謎の人骨

いよいよ「駐車場の王様」に隠されていた謎に迫ることにしよう。

レスター市の公営駐車場から掘り起こされた骨には、大きな特徴があった。

上顎骨に1センチメートルの穴があいていたのである。また、骨盤にも外傷があり、前述のように頭蓋骨にも傷があった。全身の傷は、計11ヵ所にのぼっており、ボズワースの戦いの激しさがしのばれる。

通常であれば、これらの傷が致命傷になったのではないかと推測するところだが、上顎骨の傷は脳に届いていなかった。血管が多く集まる骨盤付近も急所ではあるが、戦死したリチャード3

世は鎧《よろい》を装着していたはずなので、この傷は、死後に鎧を脱がせてからつけられたものではないかと考えられた。

当時の戦争では、致命傷は外傷部以外のところである可能性も高く、斬られたことによる出血多量で絶命することも大いにありうる。

状況証拠から、おそらくは後頭部を剣で一撃されたのが致命傷になったのではないかと推測されている。その傷は、頭蓋骨を貫き、脳内の数センチメートル程度までおよんでいるからである。

だが、さらなる謎が残されている。

これほどの傷を負うからには、リチャード3世は兜《かぶと》を脱いでいたはずだが、激しい戦いのさなかになぜ、兜を外したのか？　自ら脱いだのか、あるいは脱がされたのか？　あるいは間隙を突かれたのか？

手足に防御創がないことから、頭部を除けば鎧で覆《おお》われていたことは間違いなさそうだ。科学の光を当ててもなお残る、歴史の謎である。

「馬をくれ、馬を！　馬のかわりにわが王国をくれてやる！」

シェイクスピア劇のクライマックスは、この名台詞を発したリチャード3世が最後の戦いに挑むシーンが描かれている。1955年の映画『リチャード三世』におけるローレンス・オリヴィエは、確かに兜をかぶっていなかった。果たしてその真相は？

⚜「女系親族」を追跡せよ

「駐車場の王様」のDNA鑑定にあたっては、一つの難題が待ち受けていた。

リチャード3世には遺児がおらず、家系が途絶えていると考えられていたのである。

妻であるアン・ネヴィルとのあいだにできたエドワードは、父の死の前年にあたる1484年に早逝している。側室とのあいだにできた庶子、ジョン・オブ・グロウスターは薔薇戦争の終結後、ヘンリー7世に処刑されて世を去った。もう1人の庶子、カテリン・プランタジネットは、結婚後すぐに死亡しており、リチャード3世の系統は、ここで完全に絶たれている。

遺伝子が受け継がれていないのなら、分析のしようがない。——もはやDNA鑑定をおこなうすべは残されていないのか？

「駐車場の王様」の発掘・解析にあたったレスター大学などの研究チームも、一時は「別人の可能性もある」として、過熱する一方の英国民の期待を鎮めにかかったほどであった。

このとき、強力な打開策をもたらしたのが、ミトコンドリアDNAである。

先にも説明したとおり、ミトコンドリアDNAは、母親のもつものがすべての子どもに伝わっていく。

この現象は、子どもの性別には左右されないが、「母親から娘」という関係に注目して世代を超えて追いかけていくことで、その家系図が正確であれば、必ず同じミトコンドリアDNAが見つかるはずである！

生きていた子孫――カナダからロンドンへ

図1－5の左側に示した「白薔薇」のヨーク家の家系図を見ていただこう。

リチャード3世には、姉のアンがいた。アン・オブ・ヨークとよばれている人物である。

このアンから女系親族をたどると、3代下にバーバラ・コンスタブルとエバーヒルダ・コンスタブルという姉妹がいる。研究チームによる調査の結果、バーバラからあいだに12代おいて、アイダ・イプセンという女性がおり、カナダに移住して報道関係の仕事に従事していることが判明した。

残念ながら、アイダ自身は「駐車場の王様」が発見される4年前の2008年に亡くなっていたが、彼女の息子であるマイケル・イプセンがロンドンに戻って暮らしていることがわかった。

《図1-5》現存する家系との関係

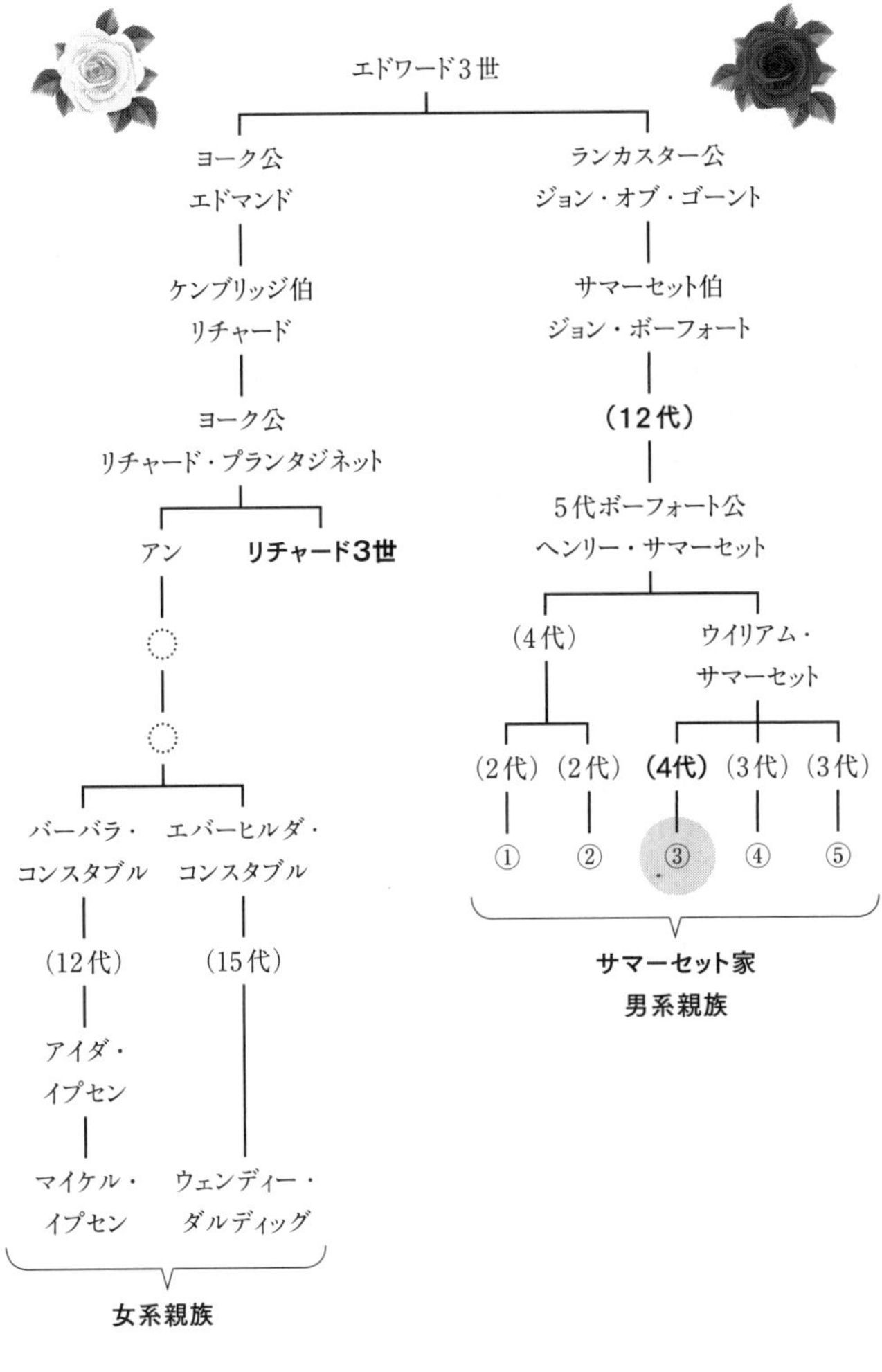
エドワード3世
ヨーク公
エドマンド
ケンブリッジ伯
リチャード
ヨーク公
リチャード・プランタジネット
アン
リチャード3世
バーバラ・
コンスタブル
エバーヒルダ・
コンスタブル
(12代)
(15代)
アイダ・
イプセン
マイケル・
イプセン
ウェンディー・
ダルディッグ
女系親族
ランカスター公
ジョン・オブ・ゴーント
サマーセット伯
ジョン・ボーフォート
(12代)
5代ボーフォート公
ヘンリー・サマーセット
(4代)
ウイリアム・
サマーセット
(2代)
(2代)
(4代)
(3代)
(3代)
①
②
③
④
⑤
サマーセット家
男系親族

現存する直系の子孫が見つかったのである。

早速、マイケルのDNAが採取された。マイケルは男性だが、女系でつながってきた母親のアイダから、アンと同じミトコンドリアDNAを受け継いでいるはずである。それはすなわち、リチャード3世がもつミトコンドリアDNAだ。

一方、エバーヒルダから15代はさんで現存しているのがウェンディー・ダルディッグである。ウェンディーからもDNAが採取され、マイケルと同様に詳細な分析にかけられた。

その結果、マイケルがもつミトコンドリアDNAは、発掘された骨から採取されたDNAと完全に一致した。また、ウェンディーのミトコンドリアDNAは、1万6569塩基のうち、8994番目のわずか1塩基だけが異なっていた。

母系に伝わるこのミトコンドリアDNA解析の結果から、「駐車場の王様」はリチャード3世であると断定されたのである。

「男系親族」の追跡結果は？——もたらされた意外な事実

一方、男系はどうであろうか。

先にも指摘したように、称号がついて回る男系のほうが、一般に追跡が容易だろうと考えられている。ところが歴史を見ると、当初は庶子とされていた者が、のちになって嫡出子となった例もある。

その例の一人に、図1-5の右側に示した「赤薔薇」のランカスター家の始祖、ジョン・オブ・ゴーントの子、サマーセット伯ジョン・ボーフォートがいる。ジョン・オブ・ゴーントと、妻であるキャサリン・スワインフォードのあいだには、4人の子がいた。キャサリンはかつて、ジョン・オブ・ゴーントの騎士であったヒュー・スワインフォードと結婚していたが未亡人となり、ジョンの娘の家庭教師を務めたのちに再婚して、ジョン・オブ・ゴーントの3番目の妻となった人物である。

もう一度、図1-5をご覧いただきたい。

リチャード3世から4代さかのぼると、エドワード3世に行きつく。エドワード3世には息子が何人もいて、ランカスター公ジョン・オブ・ゴーントが4男、ヨーク公エドマンドが5男であることは、21ページ図1-1で説明したとおりである。

エドワード3世からの男系の一つがリチャード3世だとすると、もう一つの男系がランカスター公ジョン・オブ・ゴーントから始まるもので、ここから13代離れて5代ボーフォート公ヘンリー・サマーセットがいる。彼を起点に、サマーセット家は五つに分かれ、現在にいたっている

（図1－5右の①～⑤）。

この5家族（すべて男子）のDNAを採取し、Y染色体のタイピングをおこなった結果が表1－2である。タイピングとは、遺伝子の型を調べることであり、ここでは、先にも登場した「DYS643」など、6種類の繰り返し配列（マイクロサテライト）が対象となった。

この調査の結果、Y染色体の型は、③だけが他と異なることが判明した。すなわち、①、②、④、⑤は同一であった。ということは、この4人の祖先である5代ボーフォート公ヘンリー・サマーセットも、彼らと同じY染色体をもっているということであり、家系図が正しいとすれば、ウイリアム・サマーセットと③のあいだの4代のどこかで、父子間に相違があった、という結果になる。

そして、「駐車場の王様」＝リチャード3世のY染色体は、このサマーセット家に共通のものとは明らかに異なっていた（表1－2）。それはすなわち、その祖先であるジョン・オブ・ゴーントから5代ボーフォート公までの13代のあいだで父子の相違があったに違いない、という結論になる。

一方、エドワード3世からリチャード3世にいたる図1－5左の家系図にはこのような問題はないとされている。その根拠として、この家系には多くの歴史的資料が残されており、養子や庶

《表1-2》サマーセット家のY染色体タイピング

	①	②	③	④	⑤	
DYS643	10	10	12	10	10	12
DYS19	14	14	15	14	14	15
DYS385	11	11	12	11	11	13
DYS391	11	11	10	11	11	10
DYS438	12	12	10	12	12	10
DYS448	20	20	18	20	20	22

リチャード
3世

子が含まれている可能性が低いことが挙げられるが、もちろん、それだけでまったく疑問がないと百パーセント言い切ることはできない。

⚜英国王室を揺るがす新事実？

残る可能性は、エドワード3世とジョン・オブ・ゴーントを結ぶ枝である。図1-6からも明らかなように、テューダー朝のエリザベス1世はジョン・オブ・ゴーントの子孫である。万一、この家系のどこかで父子の相違があったとするなら、テューダー朝家系のどこかに断絶があることになる。

現状では、どこに父子の相違があるのかは明らかになっていない。ただ一つ、生命科学の視点から確実にいえることは、過去の英国王室から現在にいたる系統のどこかに、思わぬ切れ目がありそうだ、ということである。

ところで、このような話を大学生にした後で、図1-7に示すクイズを出したことがある。男系と女系の遺伝に関するかんたんな問題だが、正答率は7割ほどという少し悲しい結果だった。

ここまでお読みくださったみなさんなら、答えはすぐにわかるだろう。ぜひ挑戦してみていただきたい（正解は図の下部に天地反対に示してある）。

《図1-6》プランタジネット～テューダー朝

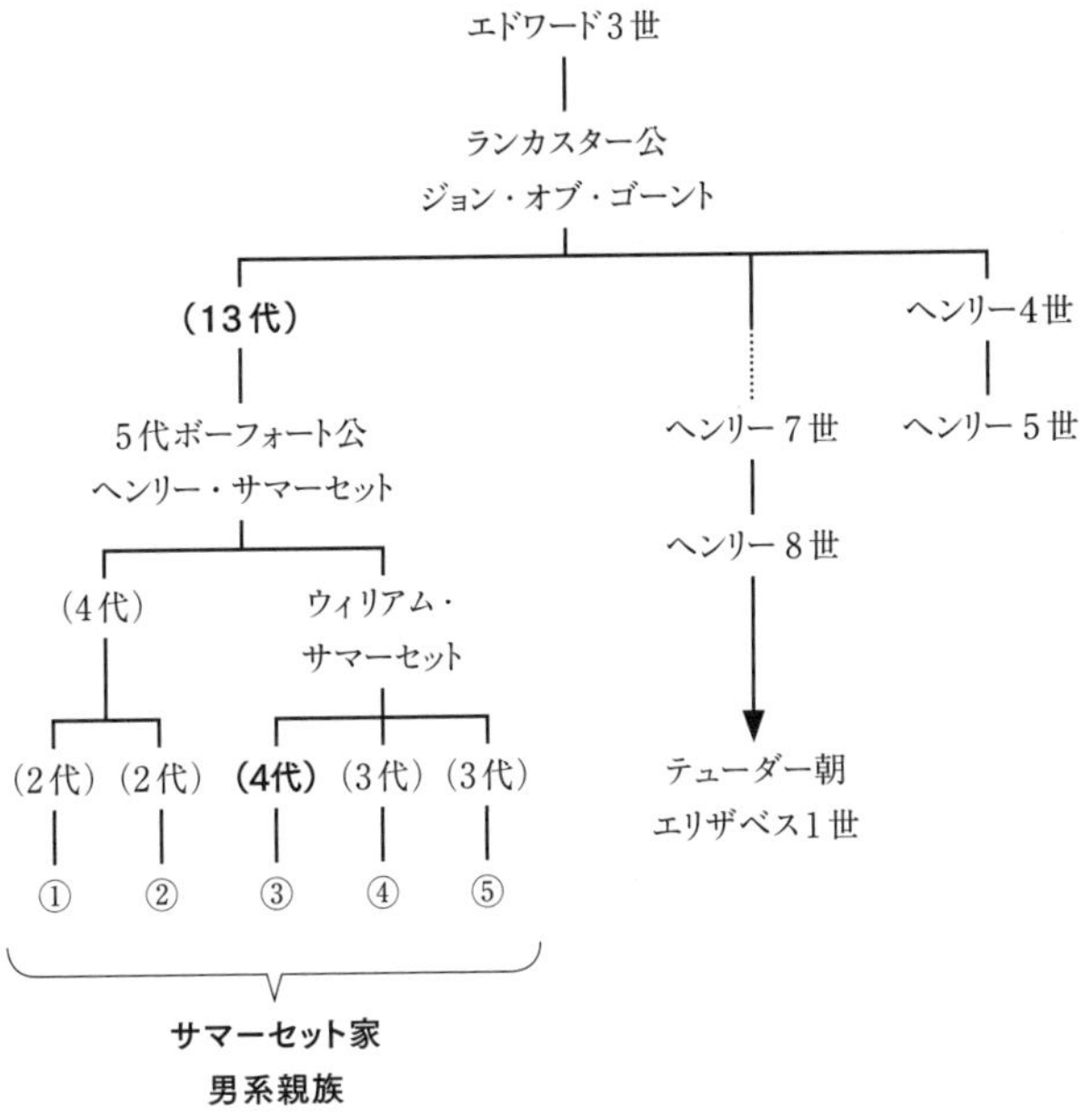

《図1-7》遺伝に関するかんたんな問題

①Aと同じY染色体をもつのは誰か？
②Bと同じミトコンドリアDNAをもつのは誰か？

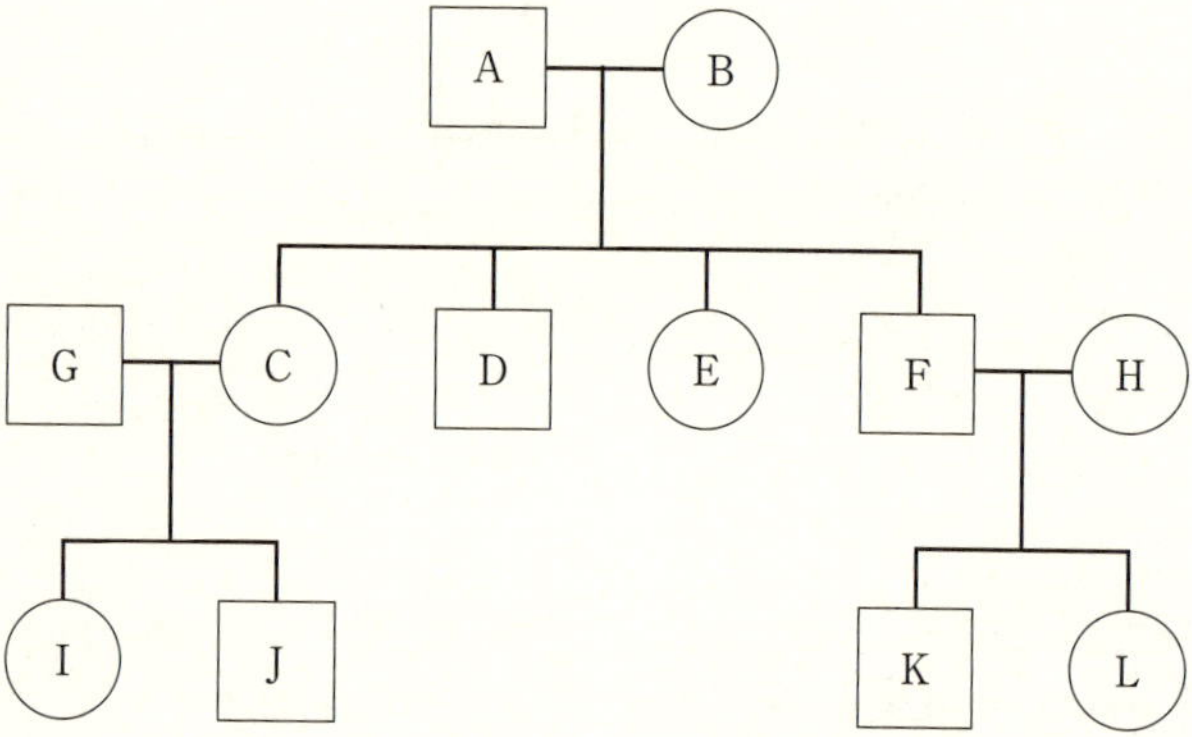

□…男性　○…女性

（答え）①D、F、Kの3人　②C、D、E、F、I、Jの6人

＊

「駐車場の王様」には、後日談がある。

発掘から2年半が経過した2015年3月、リチャード3世はレスター大聖堂にあらためて葬られることになった。聖堂に向かう遺骨は棺に収められて馬車に引かれ、沿道で見守る市民はみな、ヨーク家の象徴である「白薔薇」を手にしていたという。

改葬に際しては、即位前のリチャード3世と同じ名前をもつグロウスター公爵リチャード王子らが臨席し、現国王であるエリザベス2世から直筆の手紙が贈られるなど、盛大な儀式が執り行われた。

かつての国王に捧げられた詩を朗読したのは、英国を代表する人気若手俳優、ベネディクト・カンバーバッチだった。この意外な人選をもたらしたのも、DNA鑑定の力だ。遺骨のDNA解析から、「駐車場の王様」と血縁者であることが判明したのである。

ちなみにカンバーバッチは、シェイクスピア作品に材をとった英国の人気テレビシリーズ「ホロウ・クラウン／嘆きの王冠」で、リチャード3世役を演じている。

「駐車場の王様」も、彼を稀代の悪役に仕立て上げた大作家も、まさかこんな展開が待ち受けているとは想像もしていなかっただろう。

第2章

DNAは知っている

——遺伝子で何がわかるか、何ができるか

二重らせん構造のDNAに書かれた遺伝情報は、
「何を」「どこまで」決めているのか?

Science Photo Library／アフロ

プロローグで「400年前に生きた大作家が、〝ある間違い〟を犯していたことが判明した」と記したとおり、長い眠りから覚めた「駐車場の王様」は、シェイクスピアが思いもよらない身体的特徴を備えていた。それは、彼が繰り返し描写した〝稀代の悪役〟の真の姿を現代に生きる私たちに伝えるものだったのだが、その詳細はつづく第3章で紹介することにしよう。

この章では、いったん「王家」の話題から離れ、1950年代に遺伝子の本体がDNAであることが突き止められて以降に大きく進展した生命科学の成果を、特に「遺伝」を理解することを目的に紹介していく。

DNAや遺伝について、すでによく知っている読者は本章を飛ばして第3章に進んでいただいてかまわないが、重要な話題や最新のトピックを簡潔に、わかりやすくまとめてあるので、目を通していただくことで、知識のバージョンアップにつながるだろう。また、後続の章で取り上げるテーマに、よりスムーズに結びつくに違いない。

遺伝子からタンパク質へ

遺伝子とDNAはどう違うのか？

第1章でもかんたんに紹介したが、あらためて図2-1に示しておこう。DNA（デオキシリ

《図2-1》遺伝子とDNA

遺伝子はつねにタンパク質をつくるわけではなく、
ある特定の時期だけに機能する（発現する）。

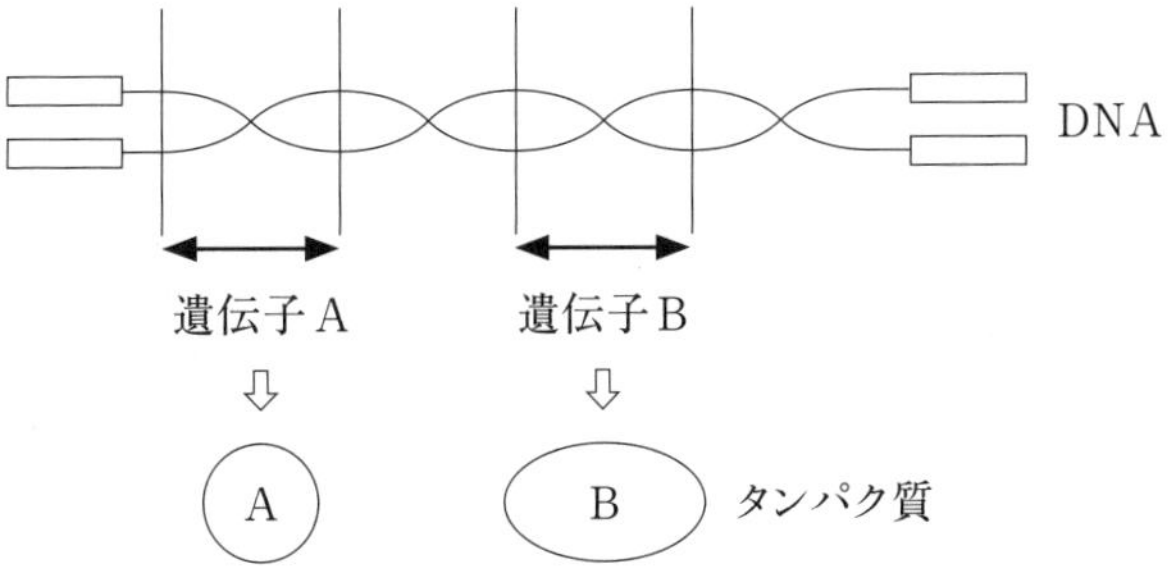

ボ核酸）は、二重らせん構造をとっており、その一部のみが遺伝子とよばれる。遺伝子とは、タンパク質やＲＮＡをコードしている部分であり、その領域は、ＤＮＡ全体の約５パーセント以下とされる。

たとえば、遺伝子Ａと遺伝子Ｂから、あるタンパク質がつくられるとしよう。どの細胞の細胞核中にも、まったく同じＤＮＡが収納されているが、遺伝子はそれぞれ、はたらく時期や場所が異なっている。脳では遺伝子Ａが幼少期にはたらき、肝臓では遺伝子Ｂが老年期にはたらく、といった具合だ。このために、ＤＮＡがまったく同じでも、幼少期と老年期とで容貌が異なったり、運動能力に違いが生じたりするのである。

私たちの細胞にあるＤＮＡは、父からひと組、母からひと組の計ふた組から構成されている。二重らせん構造の内部では、つねにＡとＴ、ＧとＣが対を成しており、どちらかを書けば自動的にもう一方がわかるので、図２－２に示すように、片側だけを書くのが通例になっている。

その際、ＤＮＡからコピーした遺伝情報を担う「メッセンジャーＲＮＡ（ｍＲＮＡ）」（ＤＮＡのＴがＵに変わっている）と同じ配列のほうを書くのが決まりになっている（これを「センス鎖」とよぶ）。ｍＲＮＡは、ＤＮＡに比べてずっと短く、特定のアミノ酸に対応する「コドン」とよばれる三つひと組の塩基配列のかたちで遺伝情報を保存している。

《図2-2》遺伝子からタンパク質まで

DNA二本鎖

…AGGCTG ATGTTCTCG…

…TCCGACTACAAGAGC…

遺伝子を示すときは、情報のあるほうだけを書く

mRNA一本鎖

AGGCUGAUG UUC UCG…

タンパク質 Met - Phe - Ser-

ｍＲＮＡの配列を三つずつ読むことでアミノ酸がならび、タンパク質が構成されるわけだが、どこからどう読むかを示すのが「遺伝暗号表」で、「コドン表」ともよばれている。「ＡＵＧ」が読み取り開始を示す開始コドンで、「ＵＧＡ」「ＵＡＧ」「ＵＡＡ」の三つが読み取りの終わりを示す終止コドンである。開始コドンから終止コドンまでの遺伝情報から、タンパク質がつくられる。

たとえば、図２－３(a)のような配列があったとして、どこからどう読むかが問題となる。とにかく三つずつ読むのだから、(b)のように３通りの読み方が考えられる。これを「読み枠（フレーム）」とよぶ。

問題は、どのフレームで読むか、だ。そこで(c)のように、開始コドン（ｍＲＮＡでは「ＡＵＧ」だが、ＤＮＡでは「ＡＴＧ」であることに注意）に丸、終止コドン（ＴＧＡ、ＴＡＧ、ＴＡＡ）には四角を入れていくと、開始コドンから終止コドンまでがタンパク質をコードするフレームなので、タンパク質をコードする部分が長い真ん中のフレームがいちばん可能性が高いことがわかる。

《図2-3》フレームの見つけ方

TをUと読みかえて、コドン表から「開始コドン＝●」「終止コドン＝■」を探す。（あとは、本文参照）タンパク質は、MVAAALTSQQQ…

(a)

TAA AATGGTAGCAGCAGCATTAACTAGCCAGCAGCAG…

(b)

TAA AATGGTAGCAGCAGCATTAACTAGCCAGCAGCAG…

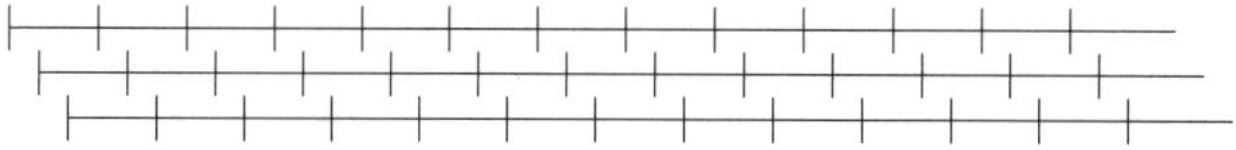

(c)

TAAAATGGTAGCAGCAGCATTAACTAGCCAGCAGCAG…

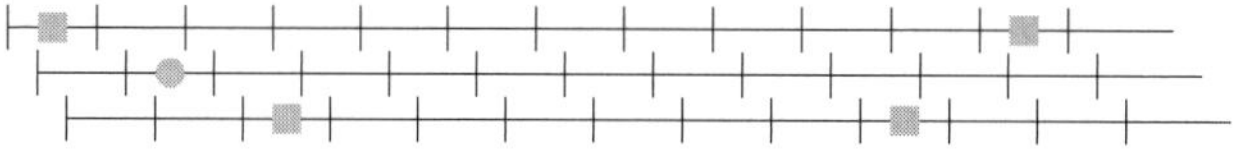

⚜個人差の検出

DNA上の繰り返し配列の領域の長さには個人差があり、それを用いて親子鑑定がおこなわれていることは第1章で述べたとおりだ。

図2－4で、いちばん単純な「AT」という二つの塩基の繰り返し数の違いによる鑑定法を紹介しよう。

DNAの特定の場所に、「(AT)×n」という繰り返し配列があるとする。「AT」の数が3(①)、4(②)、5(③)、1(④)である4人がいるとしよう。この繰り返しを含む部位を、DNAを効率的に増やす方法であるPCR(ポリメラーゼ連鎖反応)で増幅させて電気泳動にかけると、長さに応じて泳動パターンが変わるため、ATの繰り返し数をかんたんに確認することができる。

この手法を使って、ある夫婦のあいだにできた娘と息子の遺伝子を調べた結果が図2－5である。息子のマイクロサテライトは「1」と「2」であり、母親から「1」、父親から「2」を受け継いだことがわかる。

ところが、娘は「2」と「3」をもっており、両親の遺伝子型と合わなかった。アヤシイの

《図2-4》個人差の検出

ここには、4人（それぞれ①、②、③、④とする）の繰り返しを模式図に示す。これらを含む部分（縦棒のあいだ）を増幅して電気泳動にかけると、下のように長さに応じた泳動図が得られる。このような、短い繰り返しのことを「マイクロサテライト多型」とよぶ。

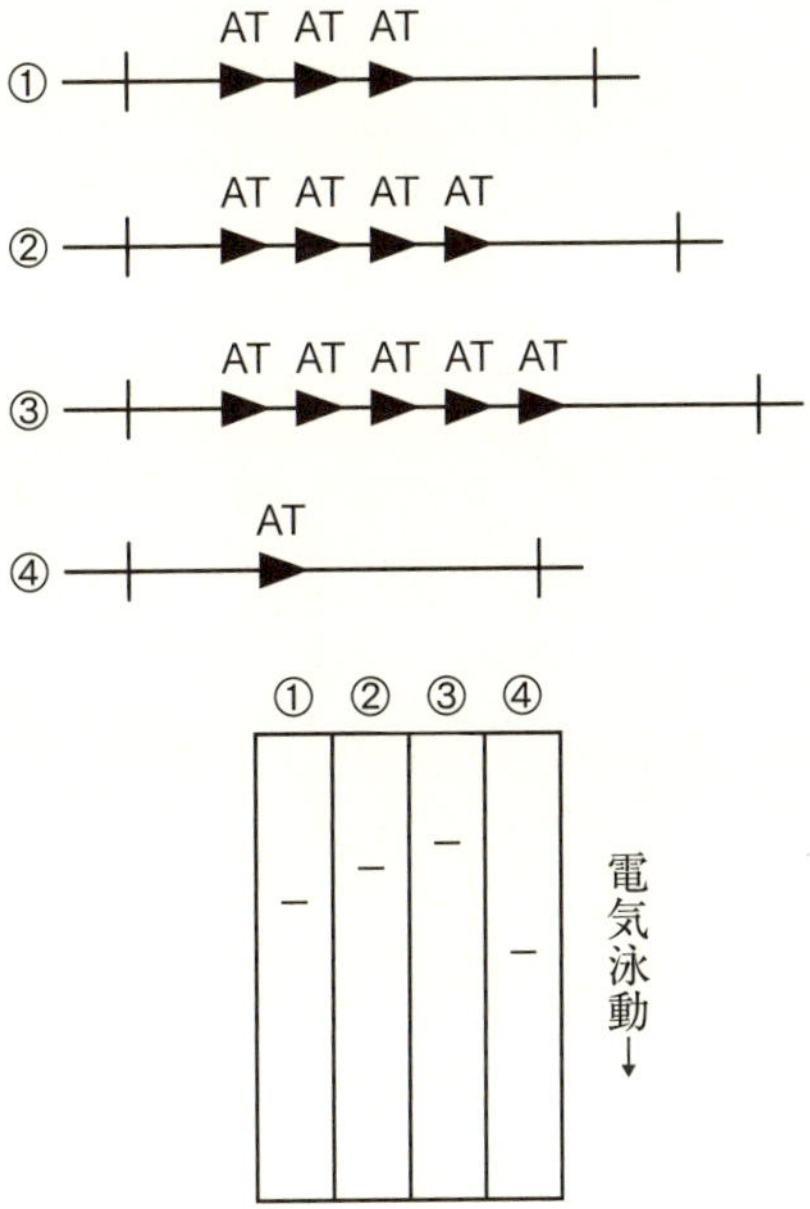

《図2−5》家系図を使っての親子鑑定

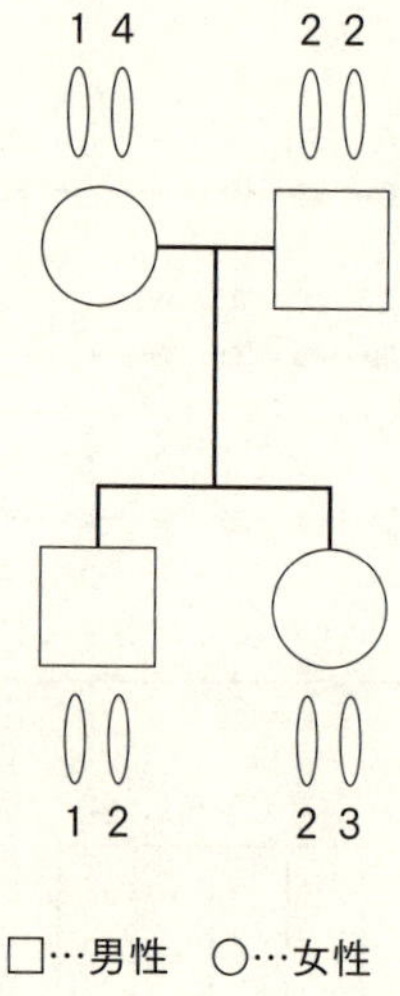

は、隣家の紳士か⁉

思わず色めき立ってしまいそうだが、そうではない。娘のもつ「2」は父親に由来しており、もう一つの「3」が母親からのものでなければならないのだが、母親は「3」をもっていない。彼女がもつ「1」、「4」のいずれも、娘に届いていないのだ。

したがって、娘の母親は異なる人物である、という結論になる。母親に思い当たるふしがないのであれば、最もありそうな可能性は、病院で赤ちゃんの取り違えがあった、というものである。もちろん、突然変異が生じた、という可能性も否定できない。

遺伝子診断の是非——家族の誰かが反対したら?

ずいぶんと人口に膾炙《かいしゃ》してきて、受診のハードルが下がったものに「遺伝子診断」がある。読者のみなさんのなかにも受けたことがあるという人がいるかもしれないが、決して軽々に受診していいものではない。

その例に該当する、ある重大な遺伝病をもった家系を図2-6に示そう。この家族に伝わる病気は40代で発病し、数年で認知症が進行して死にいたるというもので、遺伝子変異をもつ人は必ず病気になる。このような遺伝病を「浸透率100パーセント」であるという。

《図2-6》ある重大な遺伝病をもつ家系

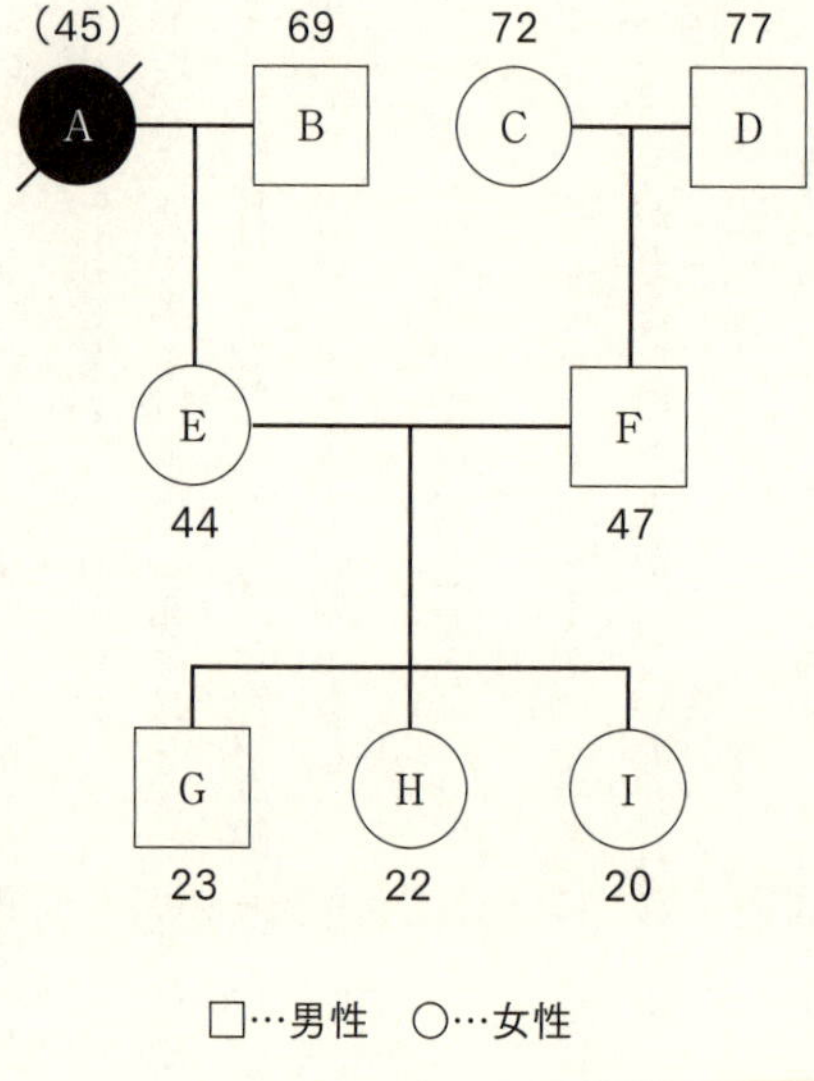

左上のAさんのところに斜線が引いてあるのは、40歳で発病したAさんが、45歳で亡くなったことを示している。他の家族は幸い、まだ発症しておらず、各数字は、現在の年齢を表している。

Aさんの子どもであるEさんは、自身の母親が亡くなった年齢に近づいてきていることもあり、もし病気の遺伝子をもっていたらいつ発病するかわからないという不安から、「絶対に遺伝子診断を受けたくない」といっている。

ところが、Eさんの3人の子どもたち、すなわちG君、Hさん、Iさんはきょうだいどうしで話し合い、「自分たちが疾患遺伝子を受け継いでいるかどうかを知りたい」とクリニックに相談しに訪れた。

家族の一人が大反対している状況下で遺伝子診断をすべきかどうか、という難題が医師に突きつけられた。――子どもたちの「遺伝子診断を受ける権利」を保証するか、母親の意見を尊重するか、という問題である。

じつは、この問題に対する判断は、欧米で見解が分かれている。

現在のところ、欧州では「遺伝子の情報は家族全員のものだから、一人でも反対しているのであればおこなわない」という意見が主流である。つまり、遺伝情報は個人のものではなく、家族全員の共有物であるとする考え方である。

対照的に米国では、「個人の意思を尊重して、子どもたち3人の遺伝子診断をおこなう」という意見が多数を占める。

それでは、我が国では？

「治療法のない遺伝性疾患には、そもそも遺伝子診断をおこなわない」とする意見も根強い。特に、「結果が陽性と出たときに、その人を介護する家族がいる場合に限る」というしばりがつくのが通例だ。診断をおこなうことになったとしても、結果は個人だけに伝え、家族全員には共有させない、というのが鉄則である。

Eさん家族の場合には、実際に遺伝子診断がおこなわれ、Iさんに遺伝子変異が見つかった。この結果はすなわち、遺伝子診断を拒絶していたEさんにも変異があることを示している。このケースのように、家族が遺伝子診断を受けることで、自らは検査をおこなわなくてもきわめて重要な個人情報が明らかになる場合があることを知っておいていただきたい。

⚜血液型も遺伝子が決める

私たちヒトの「ABO式血液型」は、赤血球などの細胞表面につく糖鎖の種類によって決まっている（図2－7）。このような物質を「型物質」といい、血液型についてはA抗原、B抗原、H抗原とよばれている。

H抗原しかもたない人がO型、H抗原に別の物質がくっついたA抗原またはB抗原をもつ人がA型またはB型、それらすべてをもつ人がAB型である。

糖鎖の種類が違うといっても、異なるのは末端の1個の糖だけで、A型の人にはN－アセチルガラクトサミンが、B型の人にはガラクトースが結合している。H抗原にN－アセチルガラクトサミンがつけばA型、ガラクトースがつけばB型ということだ。

N－アセチルガラクトサミン、またはガラクトースを付加する酵素がグリコシルトランスフェラーゼで、A型の人とB型の人では、353のアミノ酸からなるこの酵素の性質が異なることで、異なる糖が付加される。同じ酵素なのに性質が異なる理由は、グリコシルトランスフェラーゼ遺伝子に変異が生じており、A型の人とB型の人とで、いくつかの塩基が違うためである。わずか数塩基の違いで、血液型が変わってしまうというのも面白い現象だ。

では、O型の人はなぜ、糖を付加することができないのか？

O型の人のグリコシルトランスフェラーゼ遺伝子にもやはり変異があり、353あるアミノ酸のうち、115番目までしかつくられない。すなわち、塩基配列の途中に終止コドンが入ってお

《図2−7》血液型と遺伝子

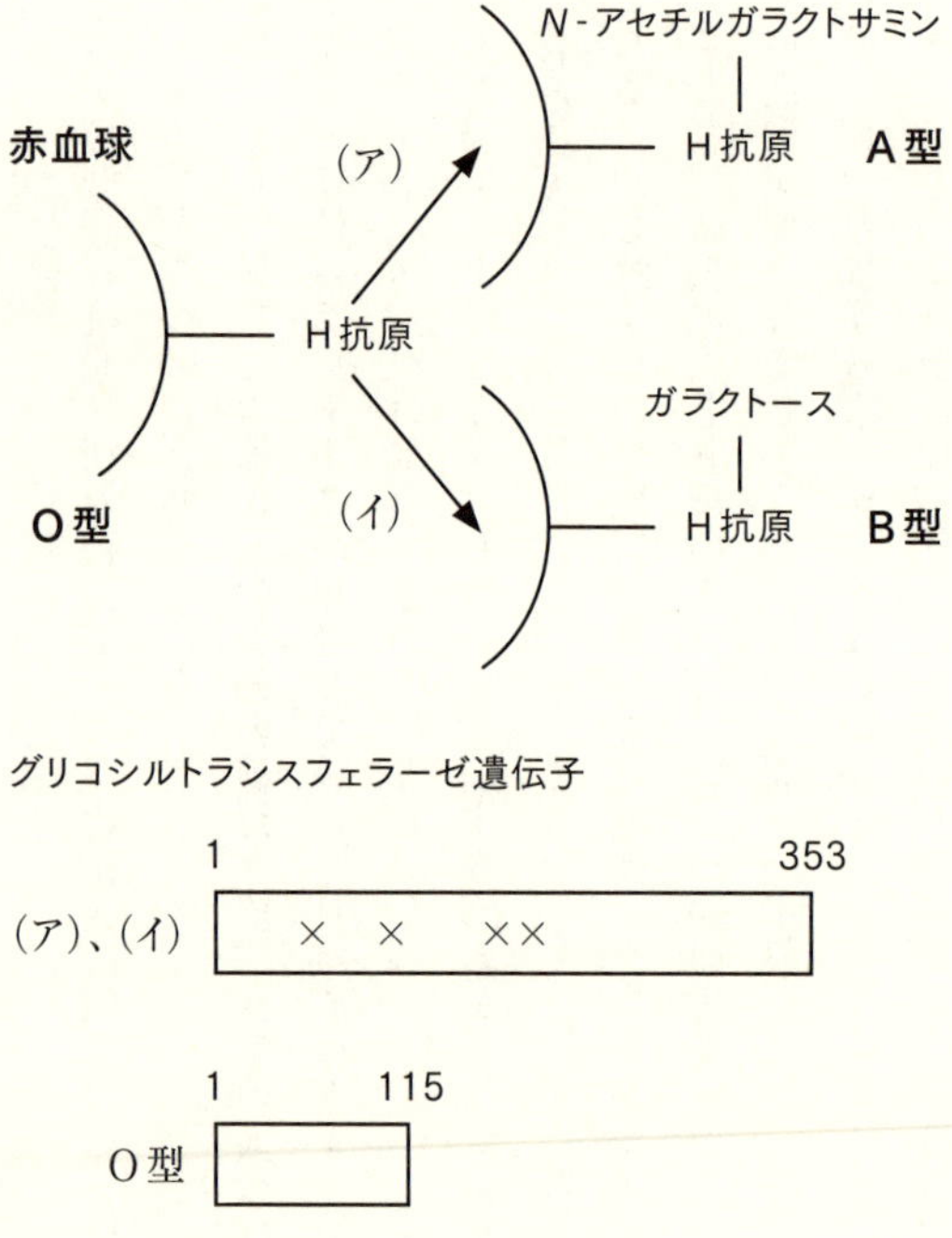
赤血球
O型
H抗原
(ア)
(イ)
N-アセチルガラクトサミン
H抗原
A型
ガラクトース
H抗原
B型
グリコシルトランスフェラーゼ遺伝子
1
353
(ア)、(イ)
× × ××
1
115
O型

り、活性のあるグリコシルトランスフェラーゼをつくることができないのである。

これもまた遺伝子のなせる業《わざ》であることを考えれば、O型は「人類でいちばん多い遺伝性疾患である」という言い方もできる。とはいえ、悲しむ必要はない。血液型の遺伝子頻度として、O型は最多を誇っており、感染症に強いことが示唆されている。遺伝子の微細な変異を差別してはいけないのだ！

⚜血族結婚——ある有名な家族の場合

現在ではイトコ婚も少なくなったが、つい100年ほど前の明治期までは、血族結婚は珍しいことではなかった。

我が国における、ある有名な家族の例を図2-8に示す。

力の強かった兄は、「1」「2」「3」として示す3人の女性と結婚したが、すべて女子しか生まれなかった。そこで、身分の低い女性「4」と結婚し、ついに男子「7」が誕生した。

死に際して、兄は弟に後を託したが、若き息子7に、その次の家督を譲ってほしいというそぶりを見せたらしい。その弟は、兄の次女である「6」と結婚していた（それ以前は、兄の長女である「5」と結婚していたが、5は早世した）が、6は、自分たちの長男である「9」に跡を継

《図2-8》ある有名な日本人家族の家系図

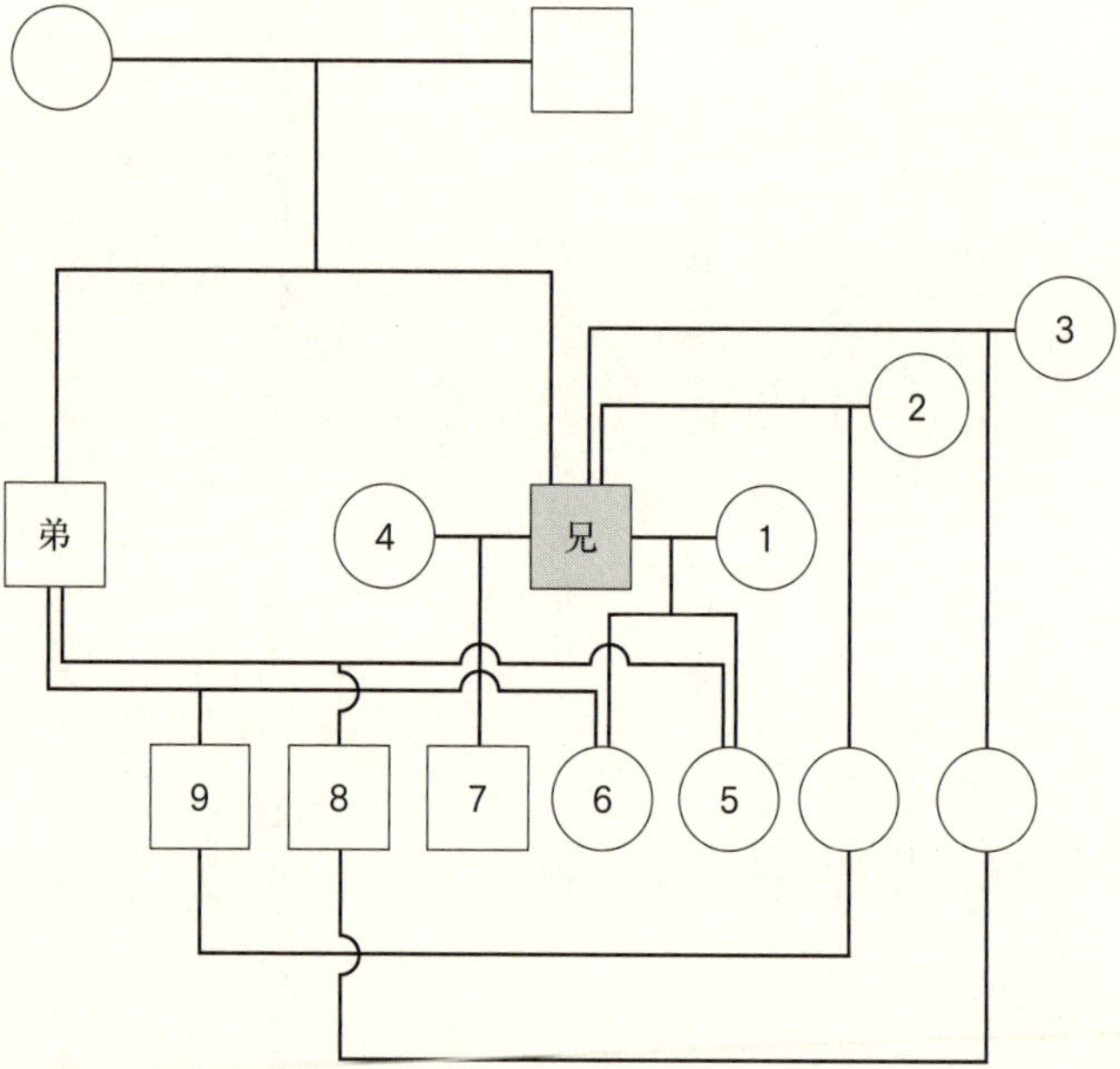

□…男性　○…女性

がせたいと願っていた。

また、弟と、亡くなった5とのあいだに生まれた男子「8」も秀でており、十分に一族を率いる力を備えていたという。

現代の感覚からは、ずいぶんと入り組んだ血族結婚だが、当時はごく当たり前のことだったらしい。

兄の遺児である「7」と「弟－6」連合軍とのあいだで争われた戦闘が、我が国初めての内乱とされる「壬申の乱」だ。

図2－9にあらためて相関図を示すように、兄が天智天皇、弟が天武天皇、そして6は持統天皇である。男子7は大友皇子（実際に即位したのかどうかはっきりしていないが、明治になって諡《おくりな》を贈られ、弘文天皇となった）、男子8が大津皇子、9が草壁皇子である。

大友皇子（7）と大津皇子（8）を廃し、わが子である草壁皇子（9）亡き後は、その子である文武に天皇位を継がせるまで自身が天皇の位に就いた持統天皇の胆力には、目を見張るものがある。

ところで、血族結婚はなぜ、少なくなったのか。ヒトだけでなく、生物一般に広げた場合には「近親交配」という表現が使われるが、近親交配には遺伝上のあるリスクが存在することがその

《図2-9》壬申の乱の人物相関図

乱またはその前後に亡くなった人に斜線を引いてある。

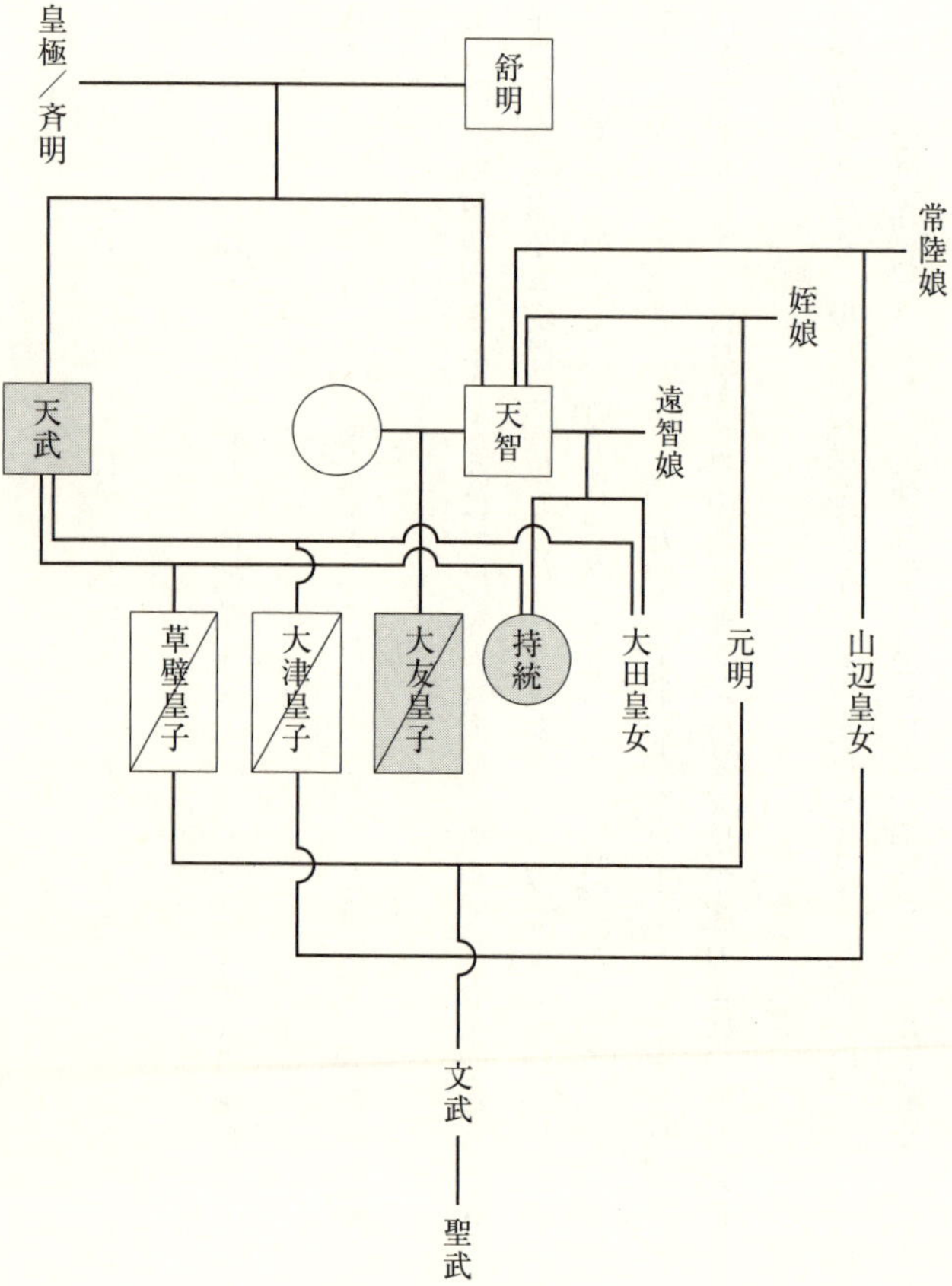

□…男性　○…女性

理由として挙げられる。これについては、のちほど項をあらためて説明することにしよう。

⚜遺伝子と実際に現れる性質の関係は？

私たちが細胞内にもつ遺伝子と、実際の身体的特徴や能力として外に現れる形質とのあいだには、いったいどういう関係があるのだろうか？

前者を「遺伝子型」、後者を「表現型」というが、この両者の関係については、遺伝の法則を見出したメンデル（1822〜1884年）以来、遺伝学における中心的なテーマとして、何度も議論されてきた。

たとえば、一方から「A」、もう一方から「a」という遺伝子を受け継ぎ、「Aa」という遺伝子をもつ場合を考えてみよう。「遺伝子型＝Aa」の場合である。

Aという遺伝子は赤い色素をつくることができるものとし、一方のaはこの色素をつくることができない遺伝子であるとする。このような遺伝子をもつ花を例に考えよう。

両親から受け継ぐふた組の遺伝子の、対応する部位が同じ遺伝子である場合を「ホモ接合体」、互いに異なる場合を「ヘテロ接合体」とよぶ。この花の例では、「AA」ないしは「aa」という遺伝子をもつのがホモ接合体で、「Aa」の遺伝子をもつのがヘテロ接合体である。

「AA」が赤い花を咲かせ、「aa」には白い花がつくことは容易に理解できるが、果たして「Aa」の花の色はどうなるか？　という疑問を考えるのが、遺伝子型と表現型の関係を探る問題なのである。

メンデルは、「Aa」の花が赤になった場合にはA遺伝子を「優性」、a遺伝子を「劣性」とよんだ。優性とは、ヘテロ接合体「Aa」で表面に現れる形質、と定義したのである。逆に劣性とは、ヘテロ接合体で表面に出ない形質を指している。

「優劣」という表現には、（特にヒトの形質については）「良い／悪い」を決めるものという印象をもちやすいために、「顕性／潜性」と呼び替えることも提唱されているが、歴史的経緯をふまえて、本来の語義をきちんと理解することも重要だ。

❖二つの遺伝子の「中間」型!?——苦味を感じる人、感じない人

「優性／劣性」のいずれかで表現型を理解できれば話はかんたんだが、実際にはもう少し事情が複雑だ。ヘテロ接合体「Aa」のうち、赤と白の中間色であるピンク色の花が咲く例が見つかったのである。

たとえば、オシロイバナがその例で、単純に優性／劣性と区別することができないために「不

完全優性」とよばれる。この場合、「Aa」には「中間雑種」という名前もつけられている。

中間雑種は私たちヒトにも存在し、その代表例が「PTC感受性」である。不完全優性を示すこの性質は、フェニルチオカルバミド（PTC）という試薬を、ある適当な濃度に調整して舐《な》めたときに、「苦い」と感じる人と感じない人がいることから判明したものである。

この違いを生む要因は、「T2R38」という遺伝子に生じた変異にある。T2R38は、苦味受容体とよばれる、舌の細胞表面にあって苦味物質を受け取るタンパク質をつくる遺伝子だ。

世の中に存在する苦味物質は構造も多種多様で、それらを受け取るための受容体をヒトはいくつも備えている。T2R38がつくる受容体は、特にアブラナ科の植物がもつ苦味を感知するものだった。

そして、研究の結果、T2R38タンパク質を構成する333個のアミノ酸のうち、3ヵ所のアミノ酸の変異によって、苦味の感じ方が違ってくることが明らかになった。その3ヵ所はそれぞれ、49、262、296番目のアミノ酸である。

苦味を強く感じる人のこれら3ヵ所のアミノ酸はそれぞれ、プロリン、アラニン、バリンであり（アミノ酸をひと文字で表す記号表記で「PAV」）、まったく感じない人はそれぞれ、アラニン、バリン、イソロイシン（同様に「AVI」）であった。

この3ヵ所の組み合わせは、PAV（苦味を強く感じる）、AVI（まったく感じない）の両極端だけではなく、PAI、PVV、PVI、AAV、AAI、AVVの中間型を加えた計8通りの組み合わせが存在する。そして、PAV、AVI以外の人たちは中程度の苦味の感じ方になるのである。

「毒を感じない遺伝子」が残っている理由

興味深いのはここからだ。

それぞれの人が実際にどう感じるかには個人差があって、他人とはかんたんには比較できないということである。そこで、試薬の濃度を変えて、苦味を感じる閾値を調べるのだが、これも条件によって結果がひどく異なるのだ。

直前に甘いものを食べた場合や、最初に高い濃度の試薬を舌に乗せると麻痺してしまい、苦味がずっと残ってしまうなど、意外に実験条件のコントロールが難しい。また、一般に女性やタバコを吸わない人のほうが苦味を強く感じるとか、コーヒーをよく飲む人は苦味を感じにくいなどの条件も加味しなければいけないことがわかってきた。

苦味の個人差を調べるのは、一見かんたんな実験でさえ、多くの考察が必要になるという好例でもあるのである。

そして、ほんとうに科学的に重要なのは、私たちヒトは、どうしてこのような二つの形質が保たれるように進化してきたのか、という点である。

苦味は通常、毒として作用する物質を含む証拠なので、生存確率を上げるという観点からは、毒（苦味）を強く感じるほうが進化的な適応力が高いように感じられる。それでも、「特にアブラナ科の植物がもつ苦味を感知する」T2R38のような遺伝子が残ってきたということは、「アブラナ科の植物がもつ苦味」になんらかの特徴があるのではないか？

アブラナ科は、花が菜の花に似ているもののグループで、キャベツやカリフラワー、ブロッコリー、カラシナなどが含まれる。いずれも、私たちの食卓に馴染みの深い野菜たちだ。

実際に、ブロッコリーなどのアブラナ科の食材には、私たちにとって重要な栄養成分が多く含まれている。毒性よりも人体への有用な効果のほうが強かったために、一部の地域では毒を感じにくい人のほうが優勢になったのかもしれない。

これもまた、遺伝子のもつ興味深い側面を示す事例である。

⚜中間型はいつ生まれるか？

アフリカウズラスズメという鳥をご存じだろうか？

くちばしが大きいものと小さいものの2種が確認されているこの鳥も、遺伝子型と表現型の関係を考えるのに、じつに面白い対象だ。

くちばしが大きいタイプは硬いタネを割ることができるし、小さいタイプは軟らかいタネを効率よく食べることができるため、これら2種は同じ場所でも上手に棲《す》み分けることができる。そのような場所では、中間サイズのくちばしをもつ種は、硬いタネも軟らかいタネも効率よく食べることができないために生き延びられないことが推測される。

実際に、棲んでいる鳥をくちばしの幅で調べると、大きい山と小さい山の二つに分断されていることがわかった（図2－10）。このような進化のしかたを「分断選択」とよぶ。

ところが、フィンチという鳥のくちばしの大きさをガラパゴス諸島で調べているときに、興味深い現象が見つかった。同諸島に属するピンタ島とマルキーナ島では、くちばしの大きなフォルティス種と小さなフリギノーサ種がうまく共存していたが、フォルティス種しかいないダフネ島では、フォルティス種のくちばしの幅がピンタ島における2種の、ちょうど中間サイズだったの

《図2-10》分断選択

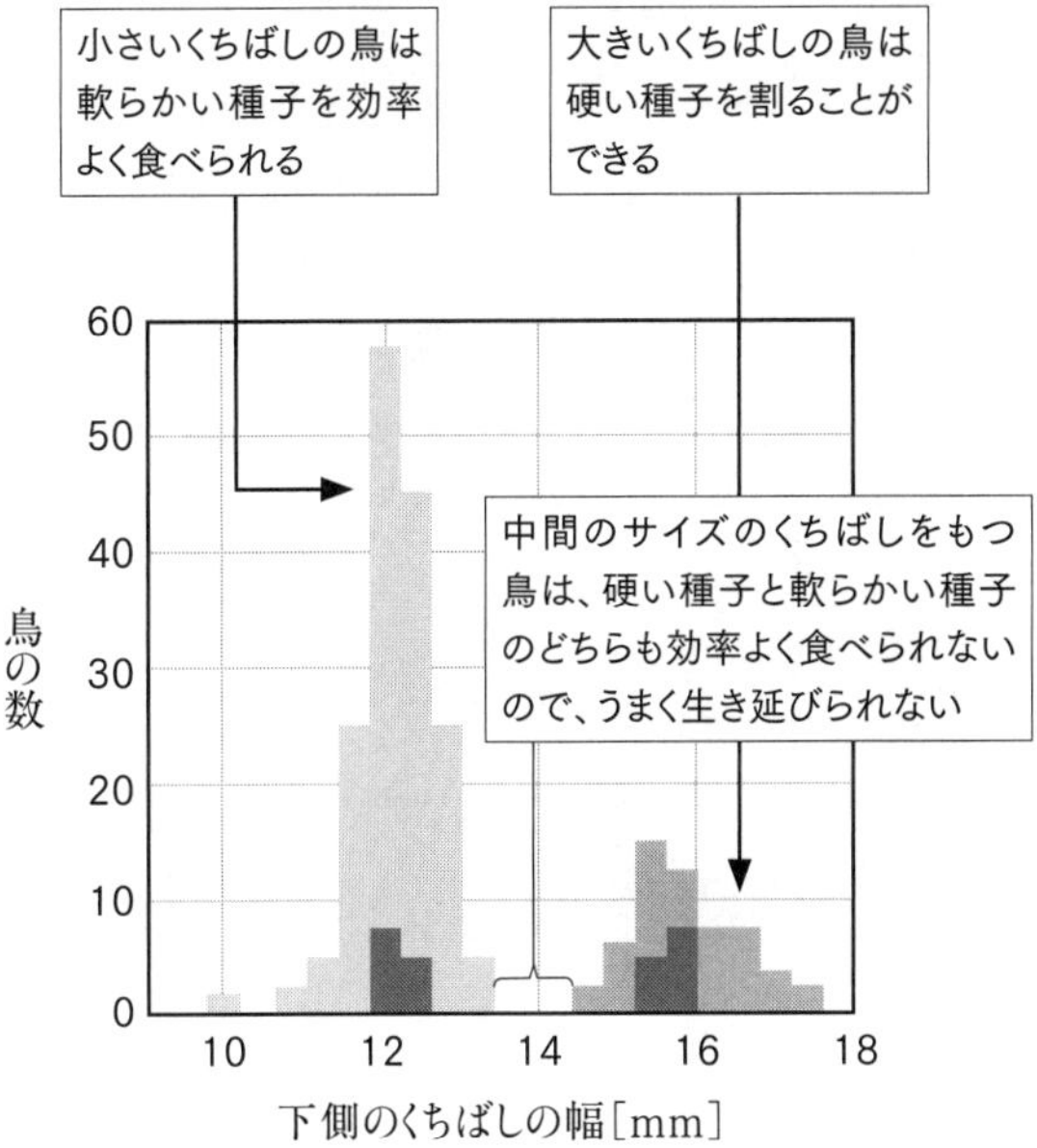
小さいくちばしの鳥は軟らかい種子を効率よく食べられる
大きいくちばしの鳥は硬い種子を割ることができる
中間のサイズのくちばしをもつ鳥は、硬い種子と軟らかい種子のどちらも効率よく食べられないので、うまく生き延びられない
60
50
40
30
20
10
0
鳥の数
10
12
14
16
18
下側のくちばしの幅[mm]

《図 2-11》競争とくちばしの幅の変化

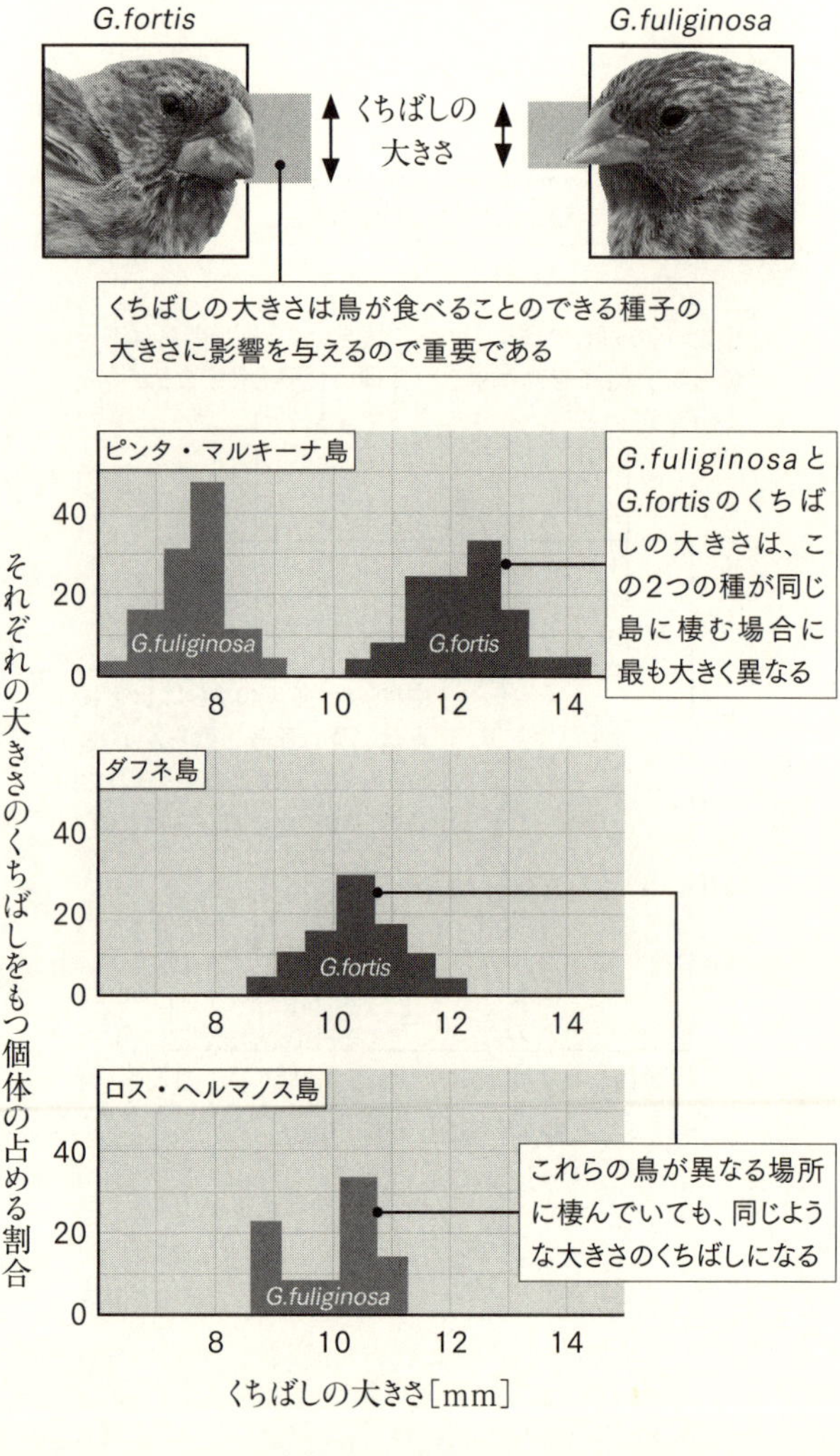

（写真左：Minden Pictures ／アフロ　写真右：FLPA ／アフロ）

だ！（図2－11）

同様に、ロス・ヘルマノス島にはくちばしの小さなフリギノーサ種しかいなかったが、ここでもくちばしの幅はピンタ島での2種の中間サイズだった。すなわち、競争相手となる種がいないところでは、どんなタネでも食べられるように中間型に移行したと考えられる。

⚜米食文化と遺伝子の興味深い関係とは？

たとえば「学習」に際して、勉強するのに良い条件のととのった環境にある子どもの能力は伸びていき、そうでない環境で暮らす子どもの能力は伸び悩む――。

このような現象は、まったく同じ遺伝子をもつ一卵性双生児にも共通しており、環境による影響・変化が遺伝子による影響・変化と同等、あるいはそれ以上に重要なはたらきをしていることは歴然としている。環境要因がなぜ、表現型に影響をおよぼすのか？

大腸菌を用いたわかりやすい実験を紹介しよう。

大腸菌は、ラクトース（乳糖）を栄養にして生きることができる。ラクトースがない場合には、アラビノースという別の糖を栄養にする。つまり、大腸菌は、ラクトースを分解することでエネルギー源となるグルコースをつくることも可能だし、アラビノースを分解することでグルコースをつくる能力もある。

これは、大腸菌のゲノムのなかに、ラクトース分解酵素である遺伝子Lとアラビノース分解酵素である遺伝子Aがあるからである。ゲノムとは、各生物ごとの遺伝情報の総体を指す言葉で、ヒトの遺伝子総体ならヒトゲノム、稲の遺伝子総体ならイネゲノムというように表現する。大腸菌の場合は、大腸菌ゲノムだ。

興味深いのは、ラクトースが栄養源になった場合には、遺伝子Lがオンになる代わりに遺伝子Aがオフになり、アラビノースが栄養源になる場合には遺伝子Lがオフになって遺伝子Aがオンになっている（図2－12）。

すなわち、遺伝子のオン／オフが、環境条件によって変化するのである。これが、同じ遺伝子をもっていても、表現型が異なる理由である。

ところが、さらに興味深い例が見つかった。

ショウジョウバエを二つの栄養源（この場合はデンプンとマルトース）で育てると、大腸菌と同様、どちらをエサにしても育つ（図2－13）。面白いのは、デンプンで育ったハエは、交配相手にもデンプン育ちのハエを選ぶことである。マルトース育ちのハエも、同じエサで育ったハエを選んだ。このような現象を「生殖隔離」とよぶ。同じ場所に生息するハエでも、二つの集団が

《図2-12》
大腸菌は食物源の変化に応じて遺伝子の発現を変化させる

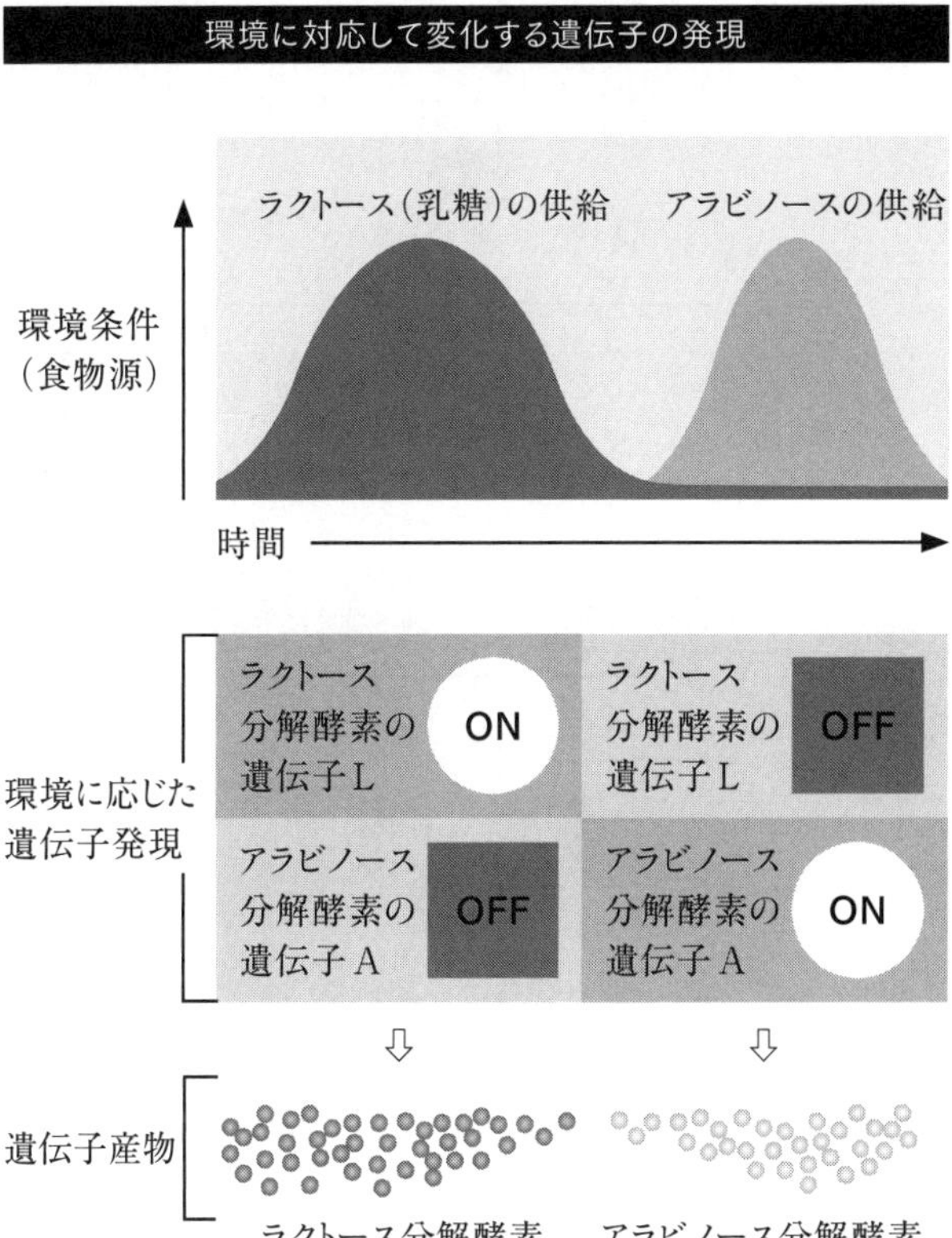

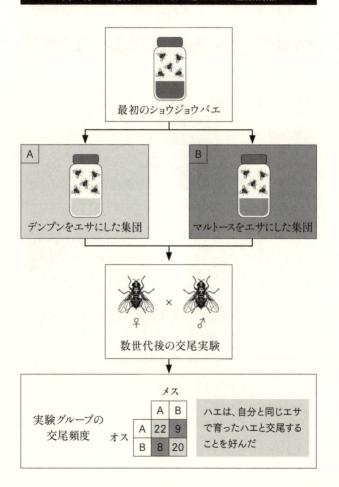

《図2−13》食べ物で生殖隔離が起こった例

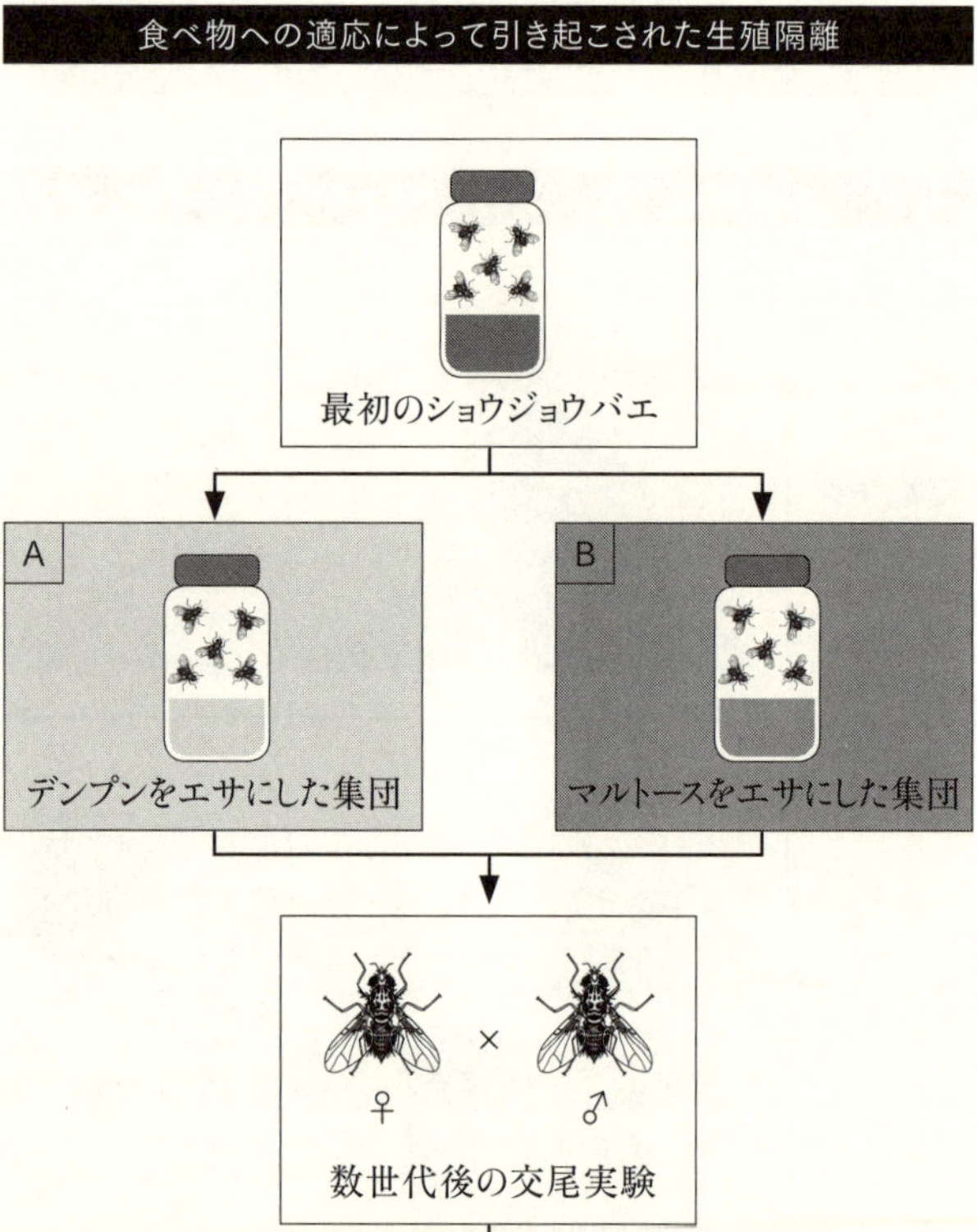

実験グループの交尾頻度

オス ＼ メス	A	B
A	22	9
B	8	20

ハエは、自分と同じエサで育ったハエと交尾することを好んだ

《図2-14》日本人のアミラーゼ遺伝子の多型

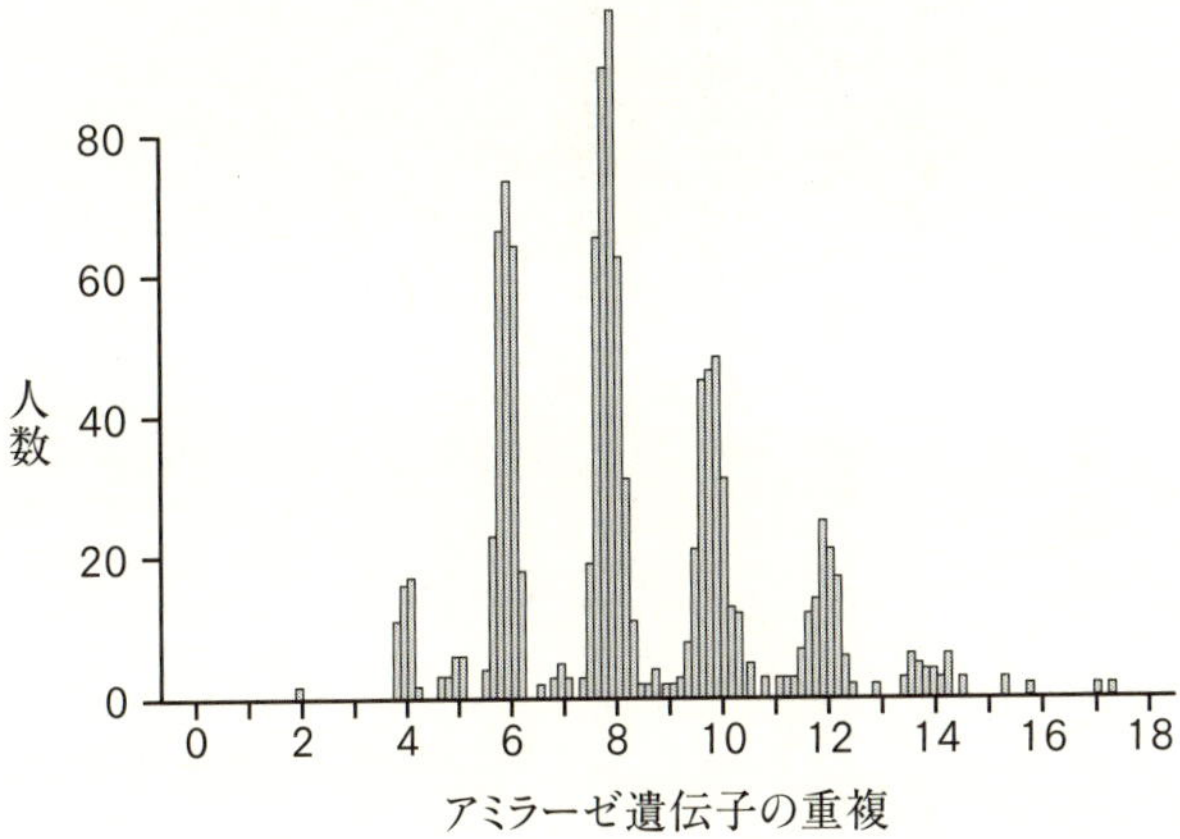

形成されているのである。

もう一つ、有名な遺伝子の変化がある。私たち日本人にも、大いに関係しているものである。米を食べる文化をもつ人たちのゲノムには、デンプンを分解する酵素であるアミラーゼの遺伝子に重複が起こっていることがわかったのだ（図2-14）。遺伝子重複とは、ある遺伝子を含むDNAの領域が、まるでコピーをしたように複数、重なっている状態をいう。

そして、アミラーゼの遺伝子に遺伝子重複が起こった結果、この遺伝子を8個もっている人がいちばん多いことがわかったのだ。以下、6個、10個、12個、4個、14個の順に多く、進化的にアミラーゼ活性が高いほうが、米食に適応してきたことがわかる。

⚜優性遺伝と劣性遺伝が起こる遺伝的メカニズム

先に紹介した「優性遺伝」や「劣性遺伝」は、なぜ生じるのか？

たとえば、若年性アルツハイマー病は遺伝性疾患の一つで、この病気に関連する遺伝子変異を一つでももっていると100パーセントの確率で病気になる。このような病気は、先述のとおり「浸透率100パーセント」といわれ、すなわち、優性遺伝する病気である。

同じように優性遺伝する病気には、若年性パーキンソン病やハンチントン病などがある。これらの病気に関する遺伝子変異を「A*」とすると、「A*A」というヘテロ接合体をもつ人がすべて病気になるのである。もちろん、「A*A*」のホモ接合体も病気になるが、この組み合わせの遺伝子をもつことは確率的に稀なので無視できる。

さて、もし遺伝子A*からタンパク質がつくられ、正常の遺伝子Aからもタンパク質がつくられると仮定すると、細胞のなかには正常タンパク質と異常タンパク質が同じ量だけ存在することになる。もしそうなら、生まれてすぐにアルツハイマー病になるはずだ。

ところが、若年性アルツハイマー病は通常、40代で発病する。浸透率100パーセントの難病なのに、その原因遺伝子をもつ生まれたての赤ちゃんはなぜ、発症しないのか？

一つの可能性は、図2-15②に示すように、A*は若いときには発現せず（つまり、タンパク質がつくられず）、40代になって初めて、悪い作用をもつタンパク質をつくり出す、というものである。しかし、この推測は間違いであることがわかった。

そうなると、図2-15①に示すようなケースが考えられる。

若いときも40代以降も、細胞のなかには2種類のタンパク質が同じ量だけ含まれている。しかし、40代になって細胞内に沈着性物質が蓄積するなど、細胞の状態が悪化することで、A*からつくられるタンパク質が悪さをするようになって細胞が死にいたる、という可能性だ。優性遺伝の

《図2-15》
浸透率100%なのに、なぜ赤ちゃんは
アルツハイマー病にならないのか?

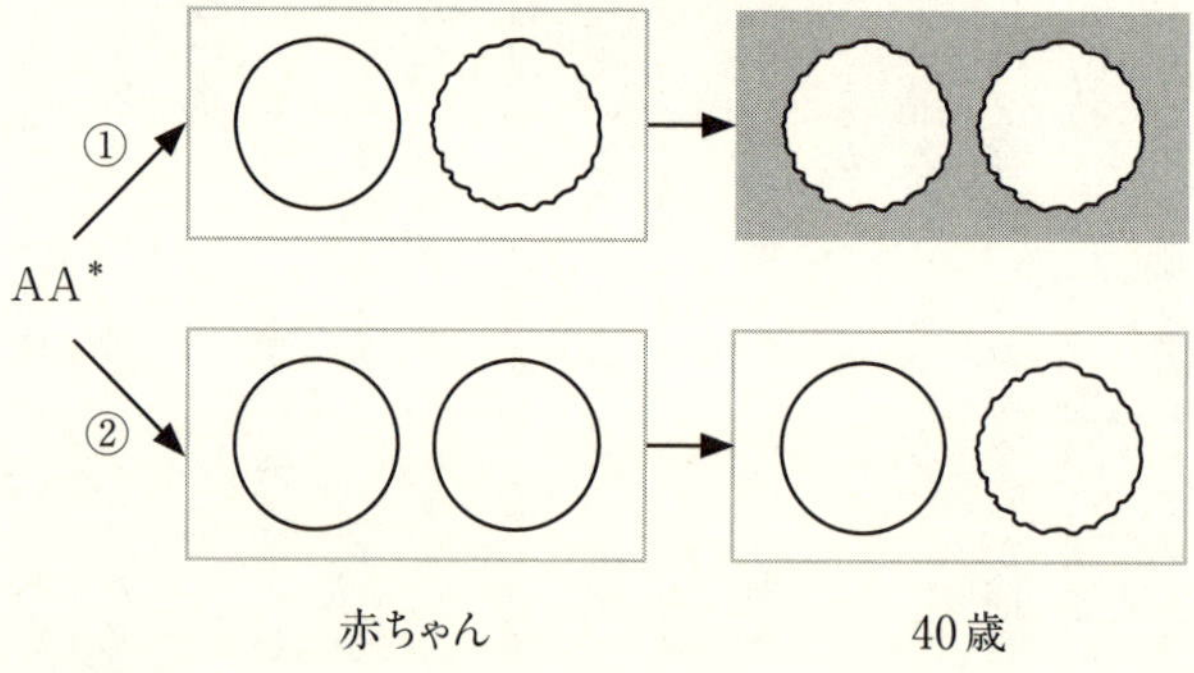

病気は、一般に年齢を経て発病するものが多く、これを「gain-of-function（機能獲得型）」の病気とよぶ。

それでは、劣性遺伝はどうして起こるのか？

ここでは、正常遺伝子を「B」、変異遺伝子を「B*」としよう。じつは、B*から機能をもつタンパク質がつくられないときに劣性遺伝となるのだ。

ヘテロ接合体「B*B」では、活性のあるタンパク質が細胞に50パーセント存在するので、病気になることはない。ヒトの場合は、活性のあるタンパク質がおよそ10パーセント程度でも生きられることが多い。

ところが、劣性遺伝病の患者は、B*B*のホモ接合体をもつので、活性が完全にゼロになる。このため、劣性遺伝の病気は新生児の段階から問題が生じるのである。劣性遺伝の病気を「loss-of-function（機能喪失型）」の病気ともいう。先述の近親交配による遺伝上のリスクとは、この劣性遺伝の病気が生じる確率が高まることを指している。

❦遺伝子の機能を調べるには？――ノックアウトとノックイン

ある遺伝子がどんな機能を体内で果たしているか、最も効率的に知る方法は何か？――生命科学はかつて、この問題に直面していた。

考え出された巧妙な方法が、「ノックアウト」という手法である。発想の原点は、「もし自由に遺伝子をつぶす（ノックアウトする）ことができれば、その遺伝子の機能が類推できる」というものである。未知の遺伝子の機能を調べる目的で、その遺伝子が機能しない（発現しない）ようにする手法だ。

ちなみに、生命科学の研究においては、本来は体内に存在しない遺伝子を外部から導入することでその機能や役割を知りたい、という場合がある。このようなときには、ノックアウトとは逆の「ノックイン」という手法を用いて、遺伝子を導入することになる。

どんな生物であれ、そのゲノムの解析が進むと、未知の遺伝子がいくつも発見されるものだが、それらがいったい生体内で何をしているのか、皆目見当がつかない場合が多い。もちろん私たちヒトにも、そのような遺伝子がいくつもある。

役割や機能のわからない遺伝子に出会った場合には、まずはデータベースを用いて、他の生物によく似た遺伝子がないかを調べる。さまざまな生物のゲノムが調べられたこれまでの結果は、DNAデータバンクとして蓄積され、世界中の研究者に公開されているのだ。この調査で、結果がわかる場合も少なくない。

もしわからなかったら、細胞か個体内で実際にその遺伝子をつぶしてみる（ノックアウトする）ことになる。

たとえば、酸性α－グルコシダーゼという遺伝子をつぶした細胞を観察すると、細胞内で一種の消化活動をおこなう器官であるリソソームに、グリコーゲン粒子が蓄積してくることが観察される。このことから、この酵素はリソソーム内のグリコーゲンの分解に関わる機能をもつものであることが類推できる。

数年前までは、高等動物の遺伝子をつぶす技術はかなり難しく、なかなかうまくいかないことが多かった。最近になって登場した巧妙な技術が、新聞報道などでもよく目にするようになった「ゲノム編集」である。この技術によって、かんたんかつ狙いどおりに、特定の遺伝子の機能を失わせることができるようになった。ゲノム編集についてはのちほど詳しく解説する。

「やる気物質」の正体を突き止めろ！

ドーパミンという名前を聞いたことがあるだろう。

生体物質の中で、このドーパミンほど興味深い物質はほかにない。ドーパミンは別名、「やる気物質」ともいわれ、ドーパミンを過剰に出させる機能をもつ覚醒剤やコカインを摂取すると、まるで疲れを知らないような興奮状態がつづく。もちろん副作用もきわめて強く、幻覚や妄想も頻発するようになる。

ドーパミンが〝やる気物質〟であるというのは、ほんとうだろうか。

これを証明するには、やはり遺伝子を操作することになる。たとえば、ドーパミンが出っぱなしになるように遺伝子を改変されたマウスは、疲れを知ることなく何時間も動きまわることが知られている。

それでは、ドーパミン自体の産生を止めたらどうなるか?「ドーパミンをつくることのできないマウス」を生み出すスマートな実験がおこなわれたので紹介しよう。

図2-16左に、ドーパミンの産生経路を示す。ドーパミンは、アミノ酸のチロシンを材料につくられる。チロシンは、チロシン水酸化酵素(TH)のはたらきでL-ドーパという物質に変わる。L-ドーパは、アミノ酸デカルボキシラーゼ(AADC)の作用によってドーパミンとなる。そしてドーパミンは、ドーパミンβ-水酸化酵素(DBH)によって、ノルアドレナリンに変わる。

少々複雑なプロセスだが、ここで覚えておいてほしいのは、ノルアドレナリンがないと心臓がつくられないために、その動物は生まれないということと、脳の中でドーパミンが多い場所は

《図2-16》ドーパミンをつくることのできないマウスのつくり方

ノルアドレナリンがないと心臓が形成されないことに注意。

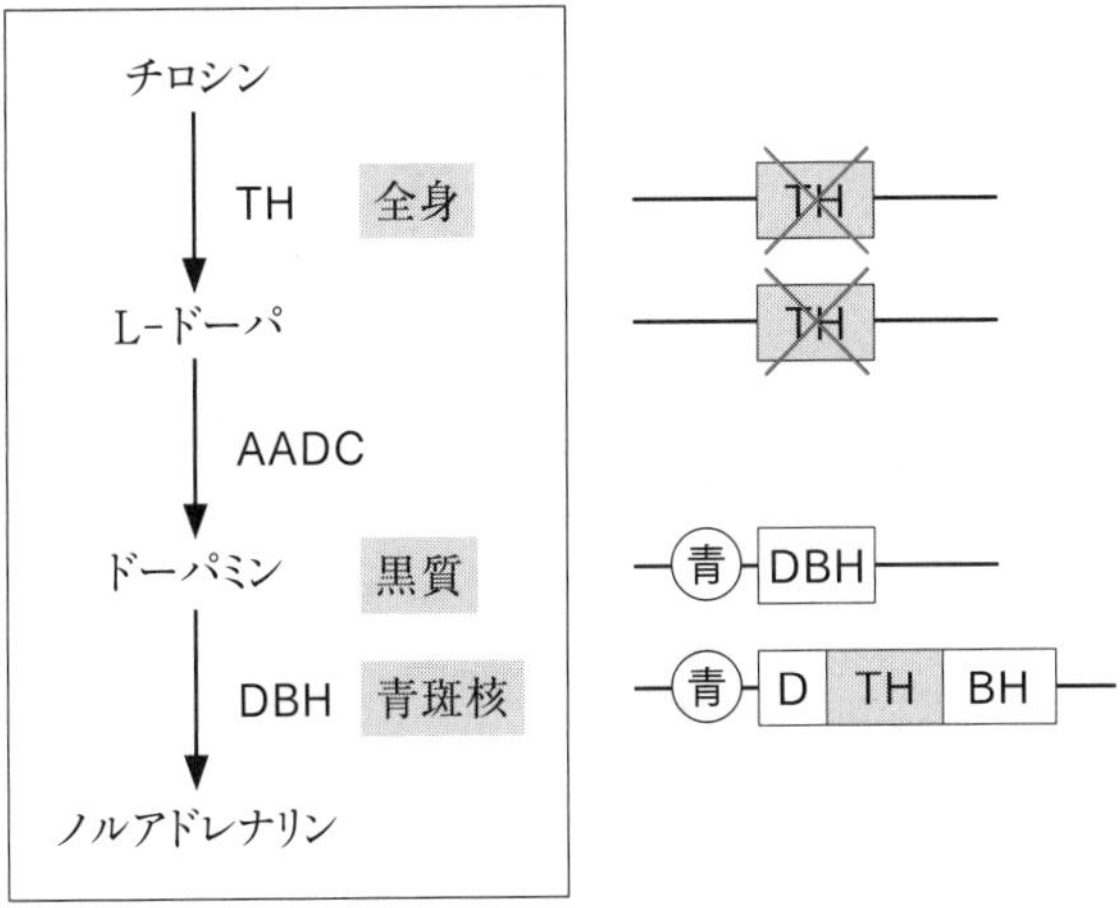

「黒質」であり、ノルアドレナリンがつくられるのは「青斑核」という場所である、という点である。

図2-16左から明らかなように、青斑核でノルアドレナリンがつくられるということは、DBHの発現が青斑核で高いことを示している。反対に、黒質でドーパミンが多いということは、黒質にはDBHが発現していないことを意味している。THやAADCは、全身で発現している。

生きるために必須の物質だった！

さて、「ドーパミンをつくることのできないマウス」は、どのようにしてつくられたのか？ドーパミンをつくる経路に現れるTHやAADCの遺伝子をたんにノックアウトしたのでは、ノルアドレナリンはつくられず、マウスは生まれてこない。この難題を科学者はどう回避したか（図2-16右）。

まずはじめに、TH遺伝子をノックアウトした。このままでは、ドーパミンやノルアドレナリンがつくられないので、次にDBH遺伝子の改変をおこなったのである。

すなわち、青斑核で発現するDBH遺伝子の片方だけをノックアウトし、そこにTH遺伝子をノックインしたのだ。この二つを同時におこなうには、DBH遺伝子の真ん中にTH遺伝子を差し込むという離れ業が必要になる。そうすればＤＢＨがはたらかないかわりに、青斑核でのみＴＨがはたらくようになる。

もう一方のＤＢＨ遺伝子は正常なので、青斑核でのみドーパミンを経由してノルアドレナリンがつくられるようになる。こうして無事に心臓ができ、誕生したマウスの体内では、青斑核以外のすべての細胞でＴＨが欠損しているので、ドーパミンはつくられない！

こうして見事に、「ドーパミンをつくることのできないマウス」が誕生したのだ。きわめて巧妙な遺伝子操作のなせる業である。

おどろくべきことに、このマウスは誕生後、乳を飲むどころかいっさい動きもしなかった。放っておくと、やがて死んでしまったのだ。いったい何が起こったのか？

図２‐16をもう一度、見ていただこう。この赤ちゃんマウスにＬ‐ドーパを飲ませると（ドーパミンは細胞膜を通過しないので、ドーパミンを直接、飲ませてもダメなのだ）、Ｌ‐ドーパが脳に行き、細胞に入ってＡＡＤＣのおかげでドーパミンになる。

このマウスはなんと、起き上がって水を飲み、乳を飲み、遊びはじめたのだ。しかし――、その効果も4時間まで。脳内に入ったＬ‐ドーパがなくなると、以前の〝やる気なしマウス〟に戻ってしまった。

この研究によって、ドーパミンは生きるために必要な行動を起こすのに重要な物質であることがわかった。たんなる〝やる気物質〟ではなかったのである。

⚜「奇跡の薬」をめぐって

かつては〝不治の病〟とよばれたが、現在は治癒可能となっているものがいくつかある。慢性骨髄性白血病（CML）もその一つだ。

慢性骨髄性白血病は、白血球細胞に遺伝子変異が起こることで生じ、白血球が異常に増殖してしまう病気である。かつては10年生存率が25パーセントほどの、かなり致命的な疾患であった。

ところが、グリベックという薬ができて、7年生存率が86パーセントへと急上昇し、「奇跡の薬」といわれたのである。

慢性骨髄性白血病の原因は、染色体の転座である。転座は染色体異常の一つで、一部が切断されたり、他の染色体と付着したりすることで生じる。転座が起こった部位の遺伝子には、突然変異が生じることになる。

慢性骨髄性白血病では、第9染色体と第22染色体のあいだで相互転座が起こり、染色体の交換が起きてしまう。この奇妙な染色体は顕微鏡でも判別でき、フィラデルフィア染色体とよばれて

《図2-17》グリベック（メシル酸イマチニブ）の効果

グリベックは、キメラタンパク質だけを阻害する

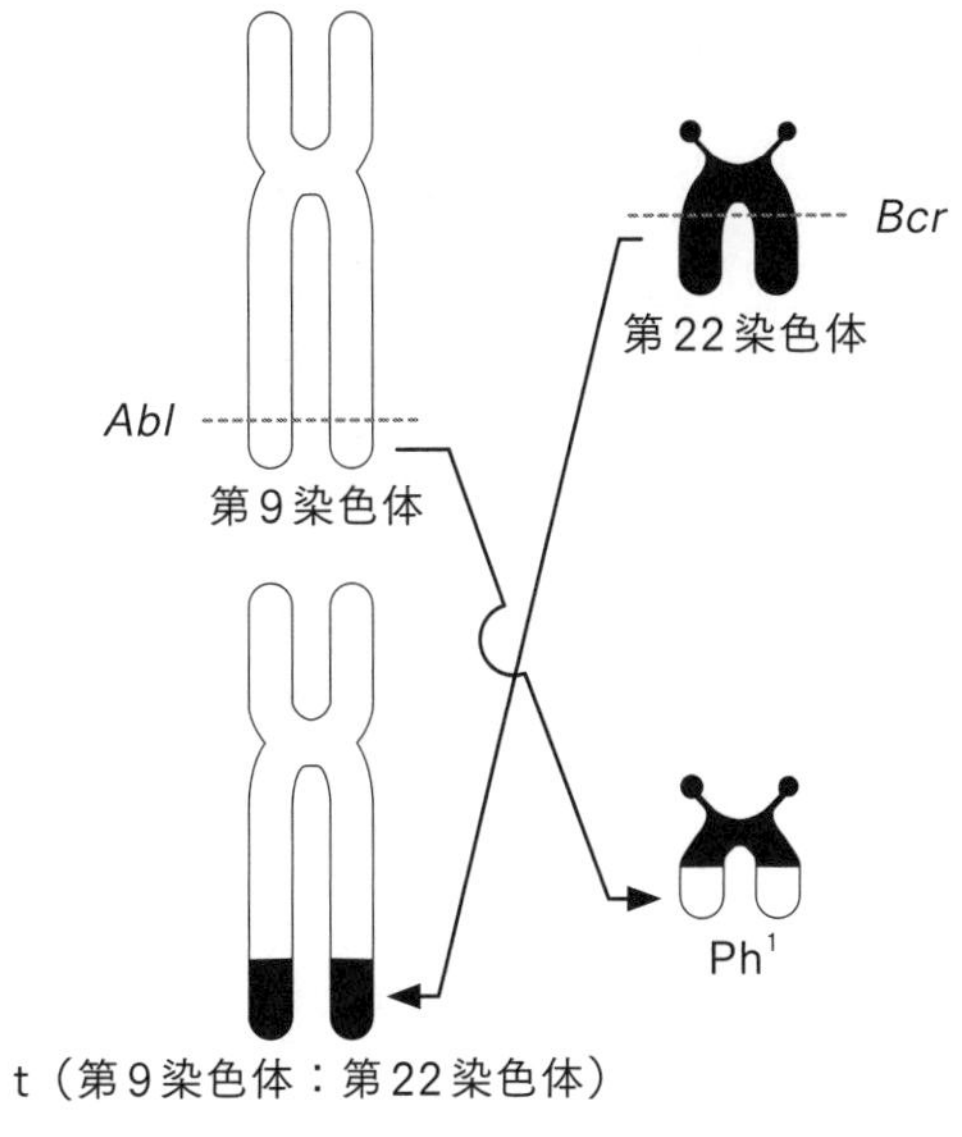

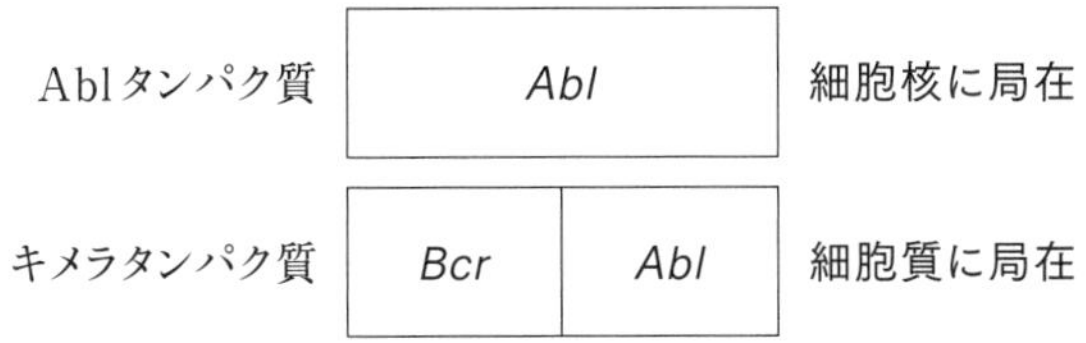

いる。
フィラデルフィア染色体ができてしまう結果、第9染色体にあったAbl遺伝子と、第22染色体のBcr遺伝子の真ん中が切れ、それらがくっついたキメラタンパク質Bcr‐Ablが生じることが、発病の原因であった（図2‐17）。グリベックは、このBcr‐Ablだけを阻害し、正常な細胞には影響を与えないことで、「奇跡の薬」としての機能を発揮するのである。

ところが、このグリベックをめぐって厄介な社会問題が発生した。

難病治療の夢の薬だけに、患者さんからは大きな期待を集めたが、このような薬によくあるように、薬価のつり上げがおこなわれたのだ。それも、年間2万6000ドルから9万2000ドルへの急上昇だった。

グリベックはその機能の特性上、生涯にわたって飲み続けなければならない薬である。治ったように見えていても、薬の摂取をやめると6割が再発するというじつに厄介な病気なのだ。

月に10万円もかかる薬なので、飲む量を少なくして効果を持続させようと考えるのは誰でも同じだろう。ところが、こうして節約しているうちに、腫瘍細胞に変異が起こり、グリベックが効かなくなってしまう人が出てきたのである。このような状態を、グリベック耐性を獲得したという。

我が国では、高額療養費制度が実施されており、ひと月にかかった医療費の自己負担分が一定額を超えた場合には、その超過分を払い戻すしくみがある。たとえば、自己負担3割で、月に医療費が100万円かかった場合、自己負担は30万円ではなく、15万5000円とされるというものだった。

ところが、制度改正によって、返金額は年収に応じてより細分化されることになった。先の15万5000円は、年収が770万～1160万円の人では17万1820円に、さらに年収1160万円以上の人では25万4180円にと、それぞれ負担が大きくなったのだ。一方、年収が370万円以下の人の負担額は軽減されている。

こういう方式が妥当かどうか、あらためて考えてみる必要がある。

⚜進化の過程で起こった遺伝子変異

生命科学の重要なテーマの一つに、「進化」がある。

この地球における歴史のなかで、いったいどのような進化が起きて、私たちヒトが生まれたのか？　誰もが気になる大きな疑問である。

図2‐18は、すべての生物の進化の過程における分岐点を示した系統樹で、私たちヒトを含む

《図2-18》全生物の系統樹

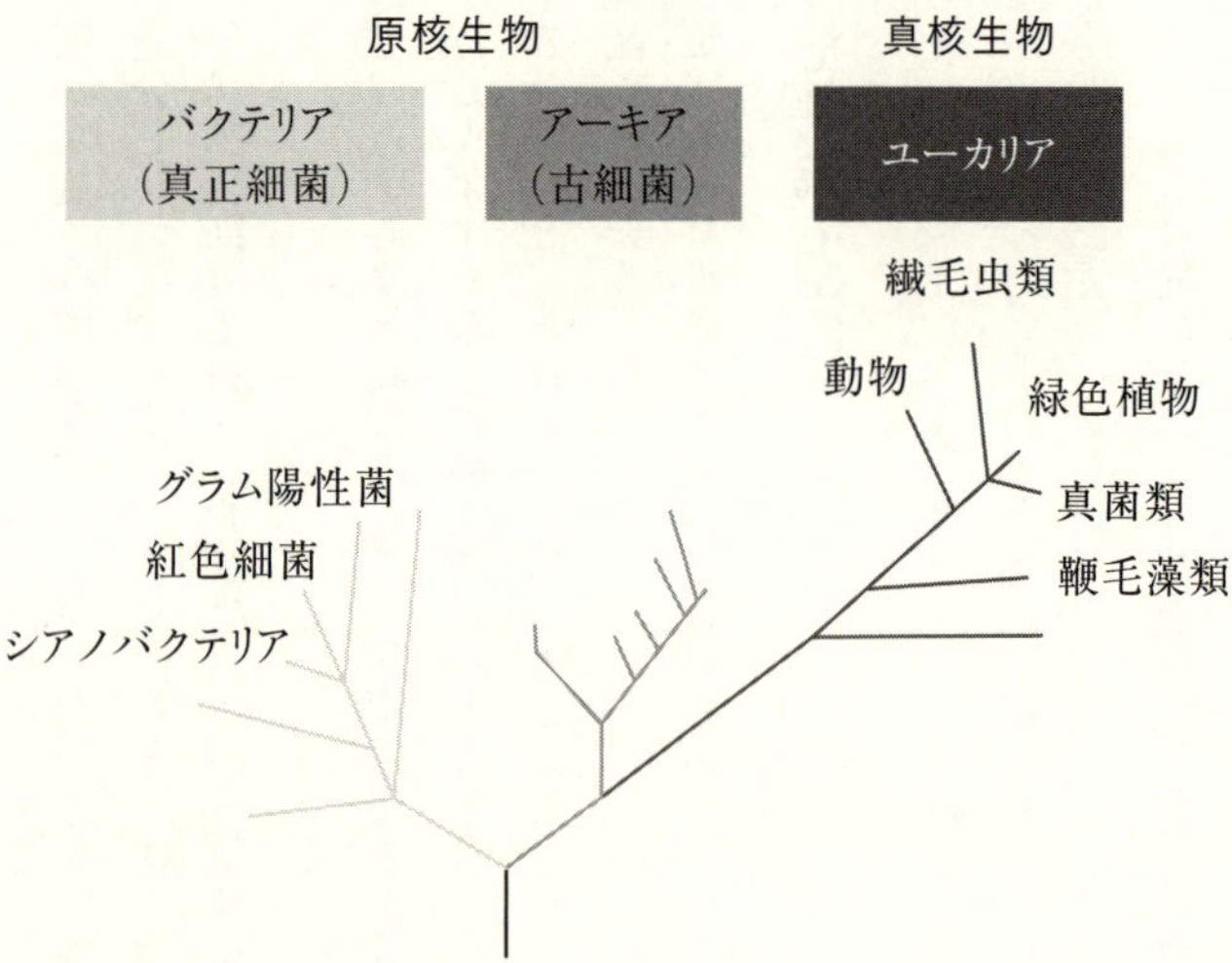

動物や植物は、「アーキア」とよばれる古細菌の枝から進化してきた。細菌類（バクテリア）は最も遠い生物群である。脊椎動物の進化は、魚類、両生類、爬虫類＋鳥類、そして哺乳類という系統樹が得られている。

ここで興味深いのは、哺乳類が共通にもっているヘモグロビンという酸素運搬タンパク質に注目してみると、そのアミノ酸配列が種によって異なっているという事実である。図2－19に示すように、いくつかの箇所で変異が起こったことが判明しており、魚から両生類へは5アミノ酸が、両生類から爬虫類へは4アミノ酸の変化があったことがわかる。アミノ酸が変わっているということは、もちろんＤＮＡに変異があったという証拠である。

哺乳類では、図2－20のような変化があったと考えられている。まず、カモノハシやハリモグラなどの単孔類が分かれ、次にカンガルーなどの有袋類が、以下、ネズミとウサギ、アメリカ大陸のサル（新世界ザル）などが分かれていった。

図2－21には、霊長類の進化を示す。ここでは、社会性の進化を示している。オランウータンは単独での生活だが、ゴリラは家族単位で暮らし、チンパンジーになると集団生活をおこなう。もちろん私たちヒトも同様だ。

ゴリラからチンパンジーに進化する際には、「オスが集団で狩りをする」という変化が起こっ

《図2−19》分子進化と系統樹

ヘモグロビンのアミノ酸配列

ヒト	AQVKGHGKKVA
ネズミ	AQVKGHGKKVA
トリ	AQIKGHGKKVV
カメ	AQIRTHGKKVL
カエル	KQISAHGKKVA
サメ	PSIKAHGAKVV

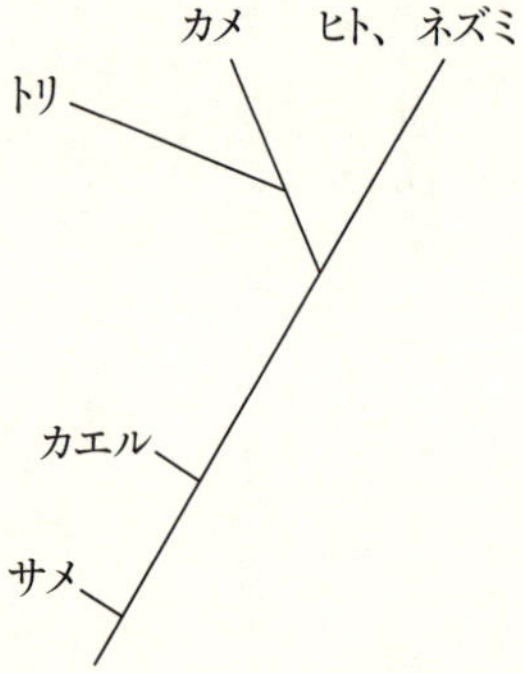

《図2-20》哺乳類の進化

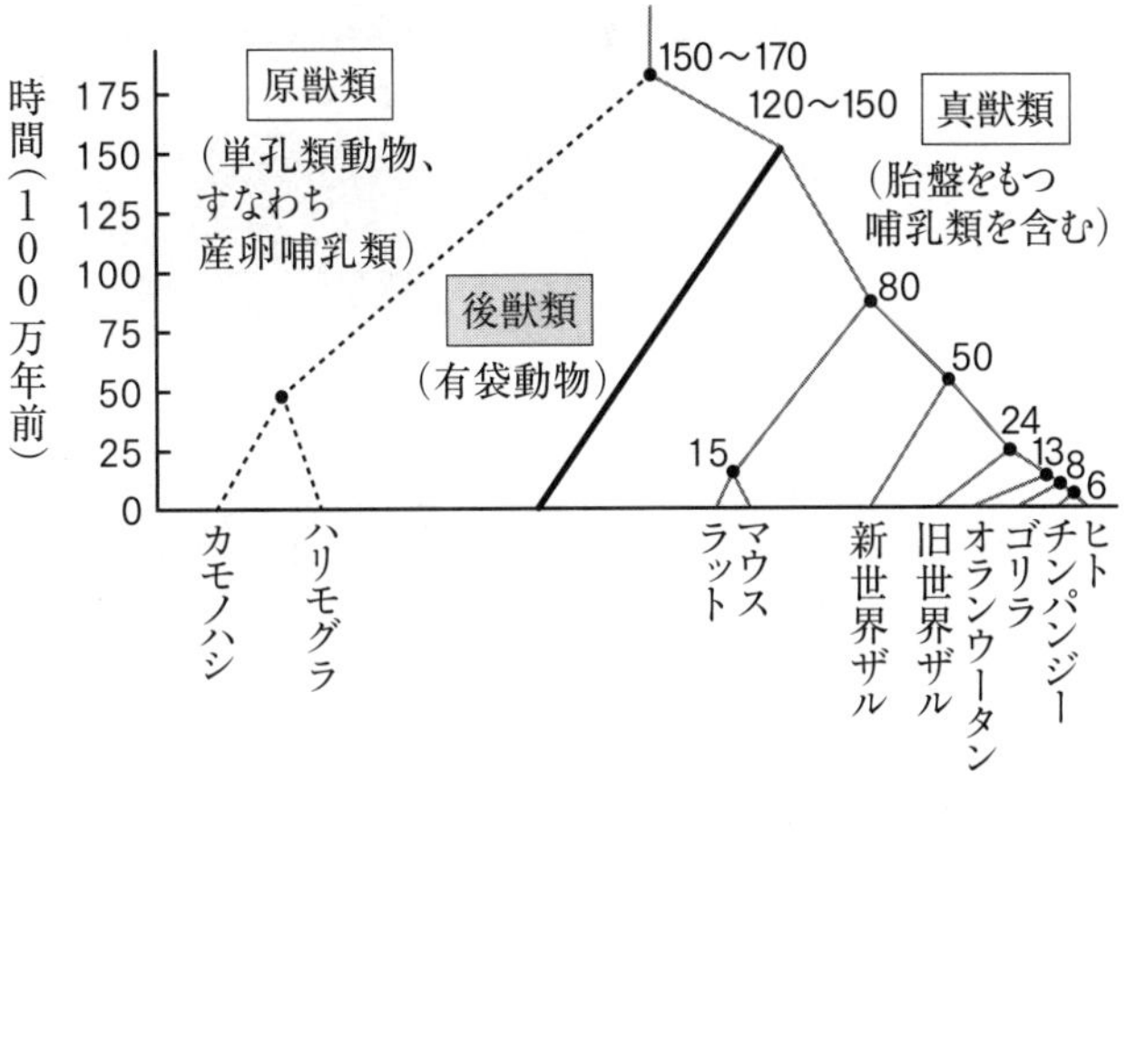

時間(100万年前)
175
150
125
100
75
50
25
0
原獣類
(単孔類動物、すなわち産卵哺乳類)
後獣類
(有袋動物)
真獣類
(胎盤をもつ哺乳類を含む)
150〜170
120〜150
80
50
24
15
13
8
6
カモノハシ
ハリモグラ
ラット
マウス
新世界ザル
旧世界ザル
オランウータン
ゴリラ
チンパンジー
ヒト

《図2-21》社会性の進化

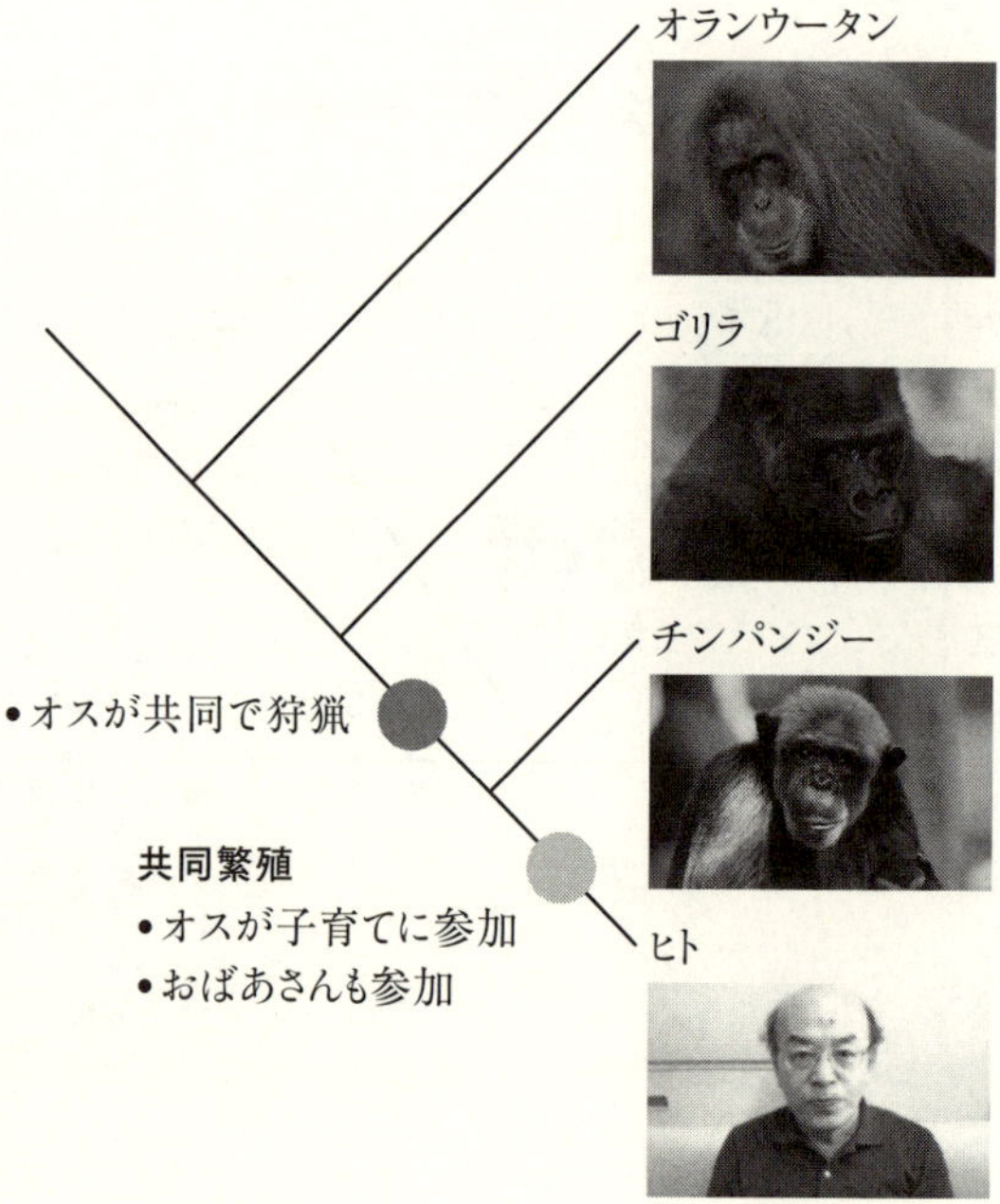

（写真上から：Minden Pictures ／アフロ　Prisma Bildagentur ／アフロ
Juergen & Christine Sohns ／アフロ）

た。チンパンジーからヒトになるときには、「オスが子育てに参加する」「おばあさんも子育てをおこなう」などの行動が加わった。「共同繁殖」という機能が進化したのである。

化石とDNA

進化のありようをめぐってはかつて、外に現れる形質は徐々に変化するのか、それとも急激に変化するのか、ということが話題になった時代があった。前者を「漸進説」、後者を「断続平衡説」とよぶ。

馬の体が大きくなったのは、犬くらいのサイズからだんだん巨大化していったという化石の結果から、漸進説が示唆された。一方、キリンの首のように、中間型が見つからないことから断続平衡説が支持されたこともあった。

これらの論争に決着をつけたのも、DNAの発見だった。遺伝子という面から見ると、どちらの説も正しかったのである。

化石とはすなわち、かつて生存していた生物の遺骨である。骨格に現れない変化は、従来はすべて見逃されてきた。その代表例が、78ページで紹介したPTC感受性（苦味の感じ方）などである。

ＤＮＡの研究によって、形態が突然変わる例があることがわかってきた。たとえば、ある遺伝子のうちの１塩基が変わるとヘアレス遺伝子となり、毛がまったく生えなくなってしまう。ＦＧＦ受容体の変異によっても、軟骨形成不全という病気になり、足が極端に短くなる（小人症）。

一方、馬の体型の変化は明らかに漸進的であり、少しずつ体型が大きくなっていったことは明白である。

⚜生物多様性と遺伝子変異

いまではすっかり人口に膾炙した「生物多様性」の重要性を初めて唱えたのは、１９８０年代のエドワード・ウィルソンである。元来は、ダーウィンの考えがその根幹にあった。

多様な集合体から環境に適応したものが生き残り、新しい種が形成されるとするのが「自然選択説」で、遺伝的多様性がない集団は環境の変化に弱く、絶滅しやすい（図２－22）。

しかし、短い期間の環境変化でも、環境に適応したものが多くなるという現象はどこでも見られるのである。

ガラパゴス諸島のフィンチを例にとってみよう。干魃《かんばつ》がつづくと植物相が劇的に変化し、植物をエサとする鳥のくちばしにも劇的な変化が起こる。硬いタネを主食とするくちばしの大きいフ

《図2−22》自然選択説

ダーウィンは種が形成されるしくみとして、自然選択を提唱した。

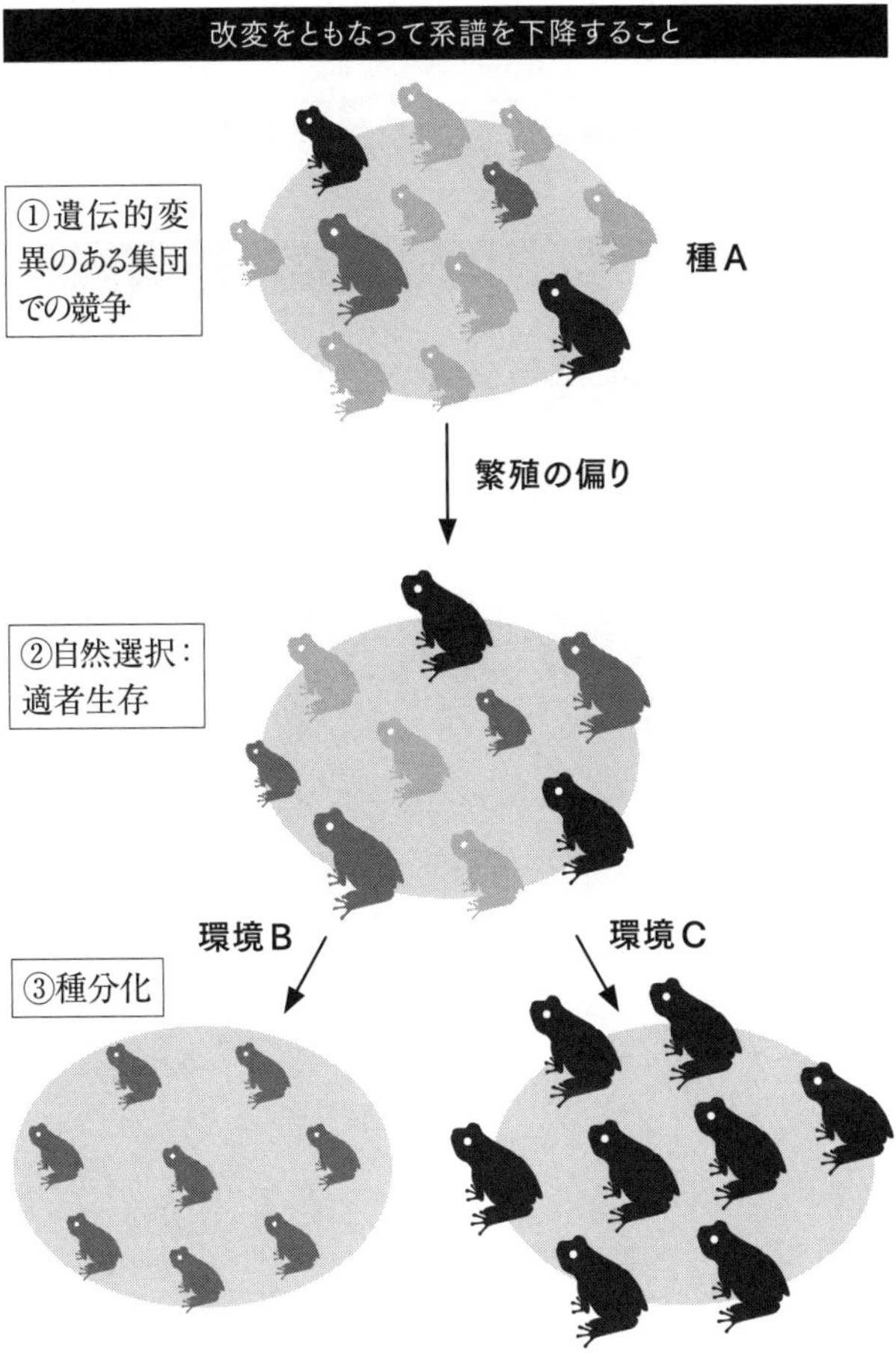

《図 2-23》環境適応によるくちばしの幅の変化

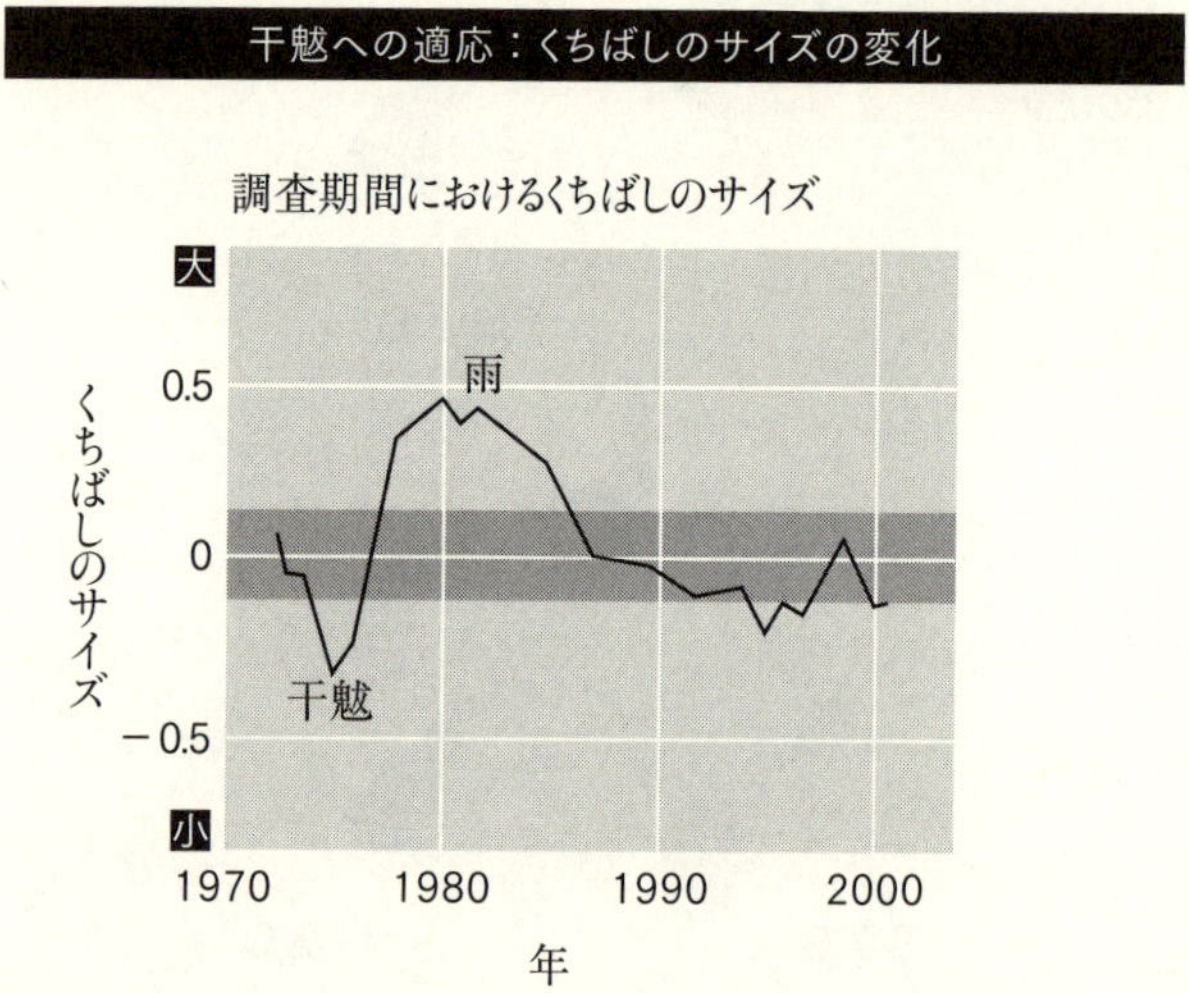

インチが数年単位で主流になるのだ（図2－23）。

ところが、雨が多い年が続くと、5〜10年単位でくちばしの幅が小さいフィンチが盛り返すのである。これは遺伝子変異による種の形成というより、環境変化への適応現象である。

⚜人類はどう拡散したか

現生人類であるホモ・サピエンスはアフリカで誕生し、世界中に広まった。図2－24は、そのおおよその時期を示している。

オーストラリアには東南アジアを経て4万〜6万年前に、アメリカ大陸にはベーリング陸橋を経て2万年前に移動し、ほぼ1万3000年前には南アメリカの先端までたどり着いたらしい。こんなに早く、と思う人もいるだろうが、時速4キロメートルで歩いて地球を1周するのにどれくらいかかるか計算してみると、意外に速くたどり着くことがわかる。

図2－24には示していないが、日本には4万年前くらいにたどり着いていたのではないかといわれている。南極を除いて、いちばん最後にたどり着いたのがニュージーランドで、約1000年前と考えられている。

ところで、同じ南アメリカにあるブエノスアイレスとサンパウロに、日本から飛行機でたどり

《図2−24》ホモ・サピエンスの移動

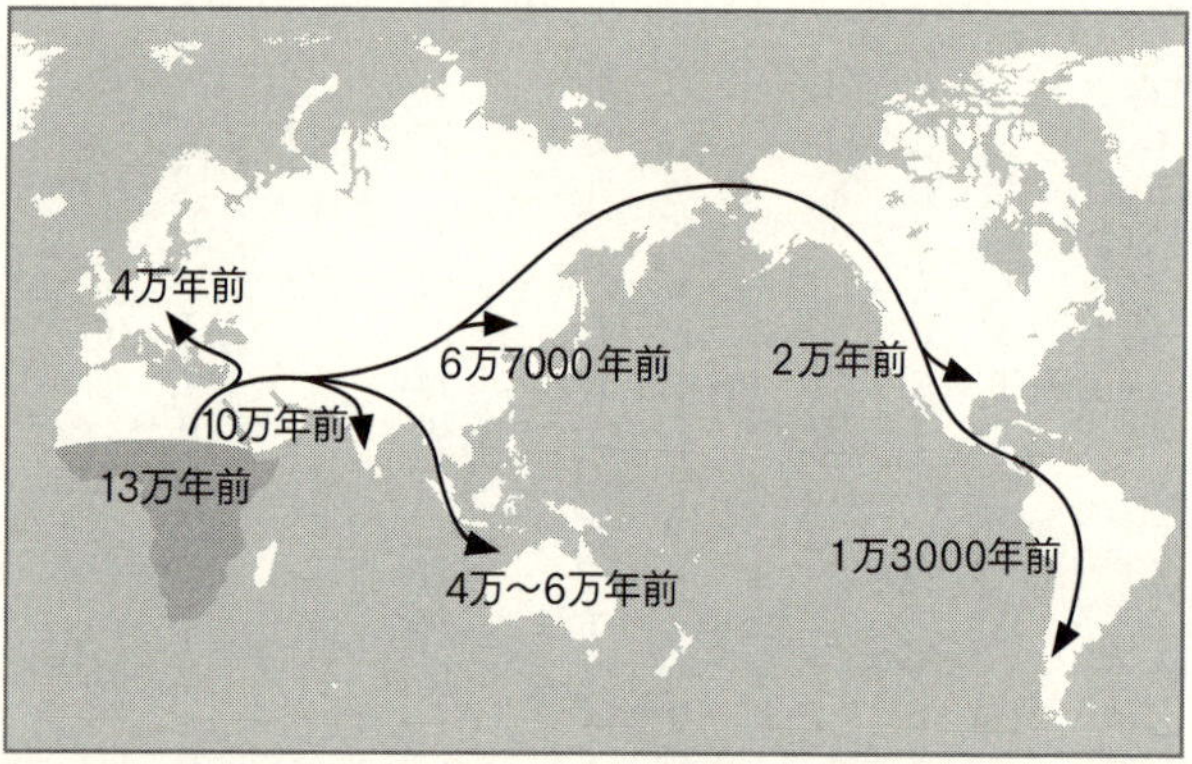

《図2−25》日本からの距離

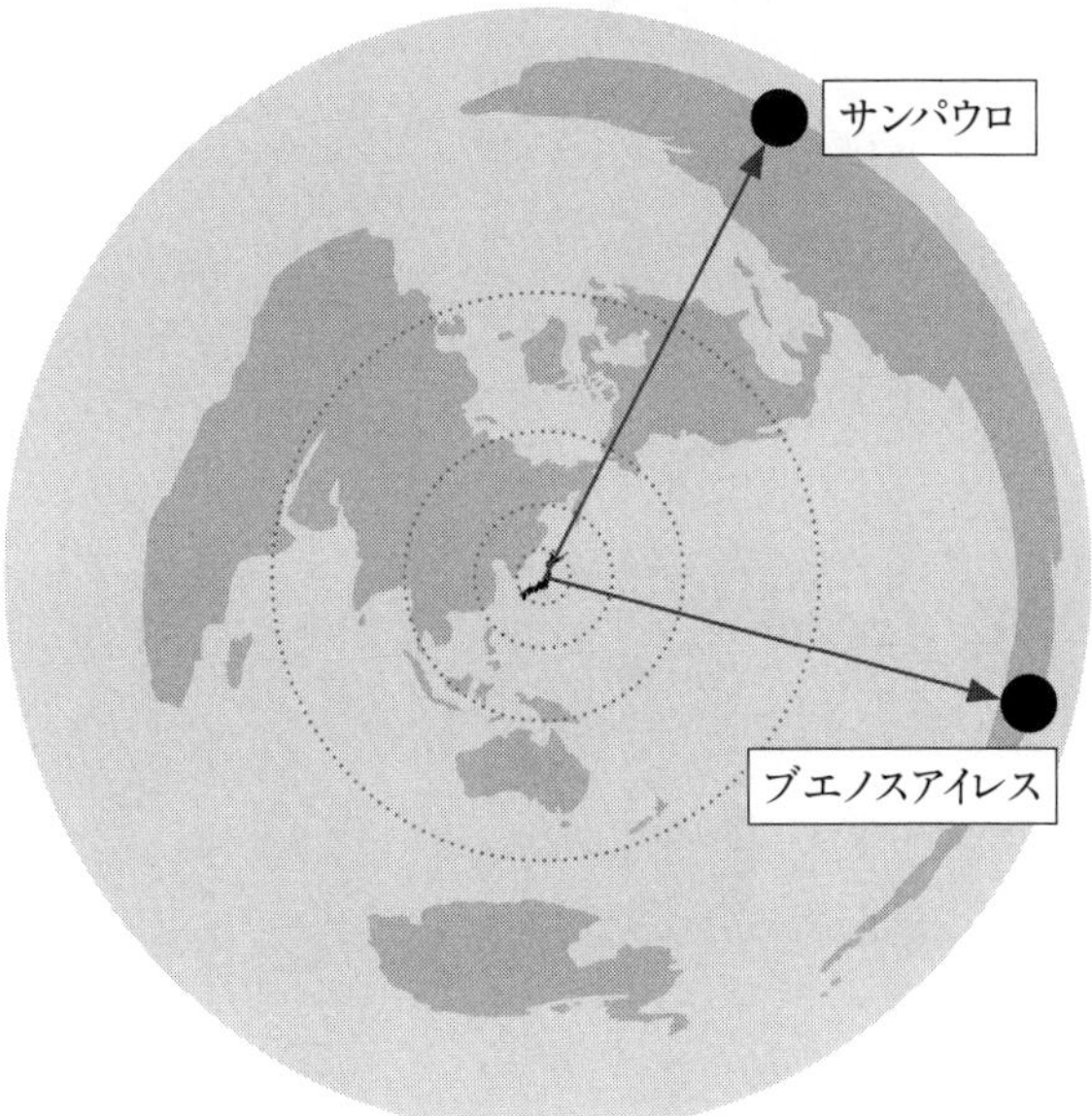

着く最短経路は？　と聞かれても、すぐには答えられないのではないだろうか。

図2‐25に正解を示す。サンパウロに行くには、アラスカのアンカレジ経由でニューヨークを経ていくのが最短で、ブエノスアイレスにはハワイの南を通って太平洋を横切るのが最短であることがわかる。

現代に生きる私たちは、かつての祖先たちが世界中に広がっていった道筋とはまったく異なるルートで、世界中を飛び回っている。

＊

本章では、いったん「王家の遺伝子」を離れ、現代生命科学の最も重要な基礎をなすDNAについて、さまざまな話題に触れながら紹介してきた。物質としてのDNAと、機能としての遺伝子の違いが、十分にご理解いただけたのではないだろうか。

つづく第3章では、ふたたびリチャード3世が登場する。プロローグで紹介した、シェイクスピアが欺かれていた事実とは何か？　いよいよその謎解きに迫ることにしよう。

第3章

リチャード3世のDNAが語る「身体改造」の未来

——デザイナーベビーを可能にする24の遺伝子

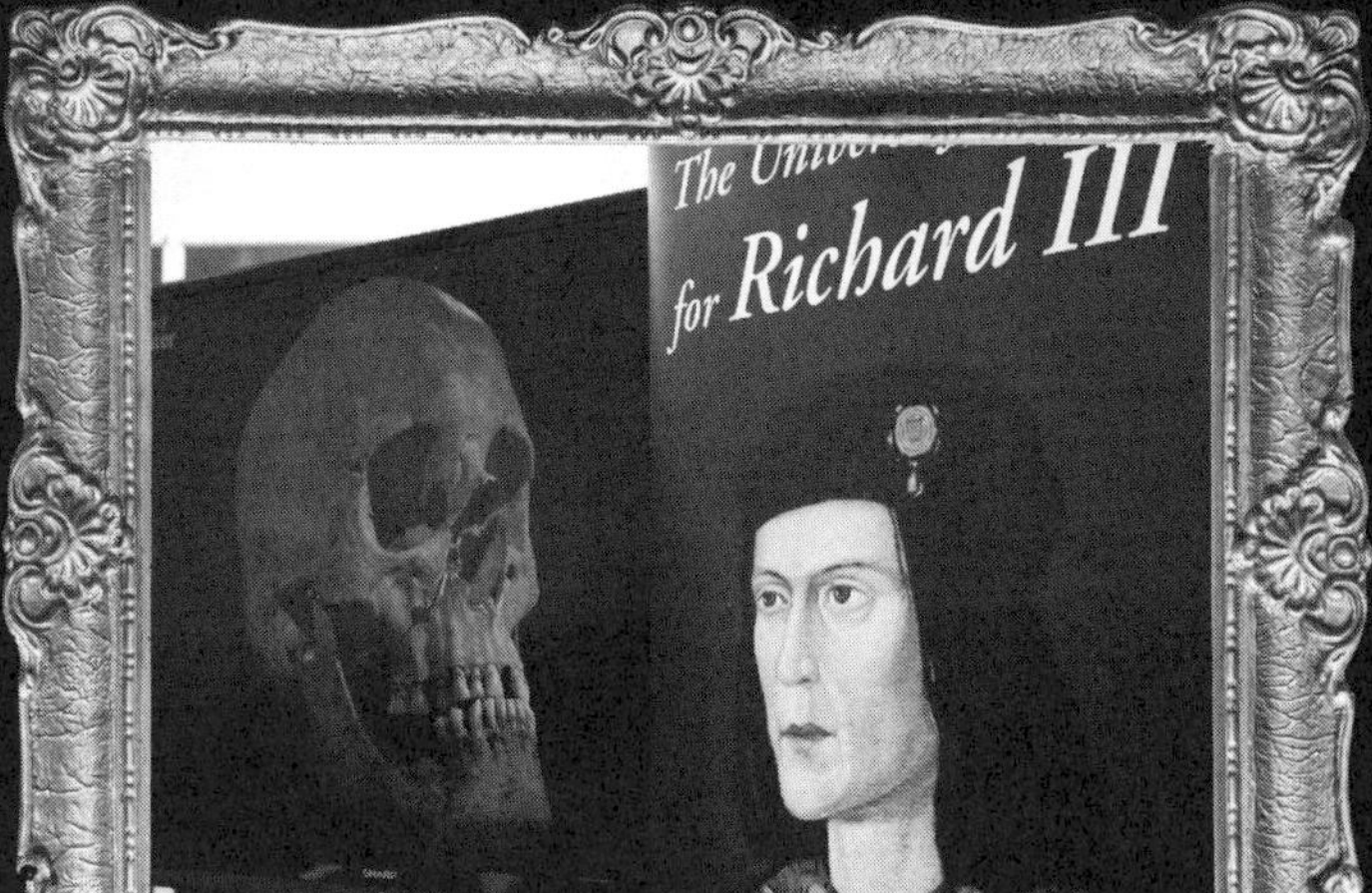

掘り起こされた遺骨は、530年の時を経て、
〝稀代の悪役〟の真の姿を明らかにした

The New York Times／アフロ

⚜シェイクスピアに影響を与えた歴史上の著名人

シェイクスピアの作品によって、「醜悪な悪役」としてのイメージがすっかり定着してしまったリチャード3世。その姿は、プロローグでも紹介したように、次のように描写されている。

「おれの腕をいじけた灌木のようにねじ曲げ、
おれの背中に意地悪い小山のような瘤をこさえ、
その上に不具という名の嘲笑のかたまりをすわらせ、
おれの足を左右かたちんばの長さに仕立てあげ、
おれのからだをどこもかしこもむちゃくちゃにしたのだ」（小田島雄志訳『ヘンリー六世』より）

「このおれは、生まれながら五体の美しい均整を奪われ、
ペテン師の自然にだまされて寸詰まりのからだにされ、
醜くゆがみ、できそこないのまま、未熟児として、
生き生きと活動するこの世に送り出されたのだ。
このおれが、不格好にびっこを引き引き
そばを通るのを見かければ、犬も吠えかかる」（同『リチャード三世』より）

シェイクスピアが、極端ともいえるこのような描写をした背景には、リチャード3世について記した、先行するいくつかの文献の影響があったことが知られている。なかでも有名なのが、トマス・モア（1478〜1535年）による『リチャード三世史』だ。

『ユートピア』を著したことで知られるトマス・モアは、中世イングランドを代表する政治家、思想家であり、リチャード3世の次の次の国王であるヘンリー8世の重用を得て、当時の官僚としては最上位にあたる「大法官」の地位にまで上り詰めた人物である。1521年には、「騎士（ナイト）」の爵位を授けられている（24ページ表1－1参照）。

『リチャード三世史』には、のちにシェイクスピアが描いたリチャード3世の身体的特徴が、きわめて似通った表現で登場する。なにしろトマス・モアは、リチャード3世を討って新たな王朝を創始したテューダー朝下で立身出世を果たした人物である。

そして、彼を取り立てたヘンリー8世は、リチャード3世が当初に埋葬されたグレイフライヤーズ修道院を解体し、前々国王の遺体を紛失させた張本人なのだ（31ページ参照）。トマス・モアの描くリチャード3世像が、ことさらに貶《おとし》められたものであろうことは想像に難くない。

そのトマス・モアの死から、およそ30年後に生まれたシェイクスピアは、リチャード3世を〝稀代の悪役〟に仕立て上げることで、その醜悪な姿を、誰もがこの国王に対して抱く共通イメージとして定着させることに貢献した。

しかし、そのようにして創り上げられたリチャード3世のイメージが約530年ものあいだ人々に受け入れられてきた背後には、すでに指摘したとおり、「遺体の行方が知れなかった」という事情が大いに影響している。

ところがいまや、その遺骨が見つかったのだ！

遺骨に残されていた意外な証拠

実際のリチャード3世は、いったいどのような人物だったのか。

彼を描いたとされる肖像画が多数残されており、それらは、トマス・モアやシェイクスピアの描写のとおり「不具」として描いたものから、屈強な人物として表現されたものまで、じつにさまざまで、その実像ははっきりしていなかった。

生前のリチャード3世に実際に面会した経験をもつ人物による、身体的特徴に関して書き残された文献は、わずか二つしか存在しない。

そのうちの一人であるニコラス・フォン・ポッペローは、リチャード3世の死の前年にあたる1484年、この国王について「少し痩せ型で、手足が細い」と書き記している。

もう一人のジョン・ルースは、リチャード3世が戦死した翌1486年、「背は低く、顔は細い。また、左肩に比べて右肩が上がっている」と、その印象を書きとどめた。この、ルースが書き残した国王の印象が、「駐車場の王様」の身体的特徴とおどろくべき符合を見せるのだが、それはのちほどご紹介することにして、まずは話を先に進めよう。

シェイクスピアが描いたリチャード3世の身体的特徴として目を引くものに、「背中に意地悪い小山のような瘤」があることが挙げられる。このような身体的特徴が現れる原因としては、背骨（脊椎）が後方（背中側）に弓のように折れ曲がる（彎曲する）病気である「脊柱後彎症」が考えられる。フランスを代表する文豪であるヴィクトル・ユーゴーの小説『ノートル＝ダム・ド・パリ』に登場するカジモドも、その例だ。

シェイクスピアはおそらく、悪役に最適の容貌として、このような描写をしたのだろう。トマス・モアもまた、リチャード3世は「背中が曲がっている」と書いている。

ところが、掘り起こされた遺骨からは、意外な事実が判明した。――「駐車場の王様」が、重度の「脊柱側彎症」を患っていた証拠が見出されたのである。

「駐車場の王様」と一致した証言

よく似た名前だが、脊柱後彎症と脊柱側彎症には決定的に異なる特徴がある。

脊柱後彎症が、背骨が後方に彎曲する病気であるのに対し、脊柱側彎症は、背骨が側方、つまり、左右のいずれか一方に彎曲する病気なのである。

リチャード3世が脊柱側彎症であったのなら、シェイクスピアが描いたような「背中に意地悪い小山のような瘤」があったはずはない。そして、「駐車場の王様」が示した脊柱側彎症の特徴を後世に伝える、重要な証言が残されていた。

それこそが、先に紹介したジョン・ルースによる「左肩に比べて右肩が上がっている」という証言だ。脊柱側彎症は背骨が側方に彎曲する病気だから、この病を患う人の左右の肩は通常、高さがそろわない。実際にリチャード3世との面会経験をもつルースの記述が、当人と断定された遺骨の特徴と一致した事実は大きい。

シェイクスピアは、リチャード3世の死から80年後に生まれた人物だ。王朝が代わり、前政権の為政者たちが実際よりも低く評価されがちな状況下で、存在感のある悪役を描くための好材料を必要としていたのだろう。あるいはすでに、先行する文献によって、リチャード3世の〝虚像〟は独り歩きしていたのかもしれない。

いずれにせよ、彼が描いた「醜悪な悪役」像は、530年後にふたたび姿を現した当の本人によって、みごとに覆《くつがえ》されたのである。

⚜DNAが証言する「身体的特徴」とは？

「駐車場の王様」が明らかにしたのは、脊柱側彎症を患っていたという事実にとどまらない。遺骨のDNA解析によって、リチャード3世の眼や髪の色まで推定できたのである。

現在の生命科学では、特定の遺伝子を少なくとも24個調べることで、その人の眼や髪、肌の色がどうだったかを高い確率で推測できるようになっている。解析の結果、リチャード3世の眼の色は、96パーセントの確率でブルーだったことが判明した。

眼の色の推定は、色素の有無を判定することによっておこなわれる。したがって、同じデータからは当然、肌や髪の色も推定できることになる。リチャード3世がもつ遺伝子からは、77パーセントの確率で金髪（ブロンド）だったと目されることが推定された。

金髪の人は一般に、生後すぐは金色だが、加齢とともに黒味が増していくことが経験的に知られている。32歳で世を去ったリチャード3世は、完全な金髪ではなく、いくぶん黒味がかっていたであろうと推測された。

先にも紹介したように、リチャード3世の肖像画は、死後25年を経て描かれたものや100年後に描かれたものなど、多数が残されている。これらのうち、DNA解析から推測された眼と髪の色に合致する肖像画が、1枚だけ残されていた。

そしてまた、骨の成分解析からも興味深い知見が得られている。

リチャード3世は、高タンパク質食、なかでもシーフードをよく食べていたようなのだ。このような食生活は、当時としては高貴な人だけに限られる栄養価の高いもので、もし彼が脊柱側彎症を患っていなければ、173センチメートルの偉丈夫だったという。

⚜デザイナーベビーの可能性は？

リチャード3世の眼や髪の色を特定することに役立った24個の遺伝子の存在は、SFまがいの想像をかきたてる。——「デザイナーベビー」の可能性だ。

デザイナーベビーとは、受精卵の段階で遺伝子に改変を加えることで、望みどおりの外見や能力をもった子どもを誕生させるというものだ。

24個の遺伝子を操作することで、ほんとうに両親の好みどおりの眼の色をもつ子どもを産むことが可能なのだろうか？

なお、リチャード3世のDNAで調べられた24個の遺伝子は欧米人の色素に関するもので、一般に黒い眼をもつ多くの日本人には直接は関係しないことを断っておく。

受精卵の段階でこれら24個の遺伝子を調べることで、どのような眼や髪の色をした子どもが生まれてくるかを、確率的に予測することは可能だろう。もし、生殖細胞に対して128ページで紹介するゲノム編集を施すことができるなら、それら遺伝子に改変を加えることによって、ある程度その色調をコントロールすることも可能かもしれない。しかし、それは生命倫理の観点から、絶対に許されないことである。

しかし、いまのところ予測できるのは眼や髪の色だけであり、他の身体的特徴、たとえば背の高さや将来どのような病気になるか、などははっきりとはわからない。

いまから20年前、行動遺伝学を研究していたディーン・ヘイマーは「サイエンティフィック・アメリカン」誌に、「行動形質、IQ、利他主義、精神疾患、そして不老長寿を志向するデザイナーベビーをつくる時代が来るかもしれない」と書き記した。

20年後の現在の状況はどうか？　いま私たちが手にしている生命科学の知識から、「背が高く、すらりとしていて、魅力的であり、思いやりがあって、ほどよく幸せであり、アルコール依存や精神疾患からは解放されていて、不老長寿を実現できる子ども」をつくることができるだろうか？

⚜「DNAで何もかもわかる」はほんとうか？

そもそも、DNAを解析することで、私たちヒトの形質をどこまで把握することができるのだろうか？

2017年9月、「DNAを読むことで、顔かたちまでわかる可能性がある」と主張する論文が出版された。「デザイナーベビー」問題を蒸し返したともいえるこの論文の著者は、クレイグ・ヴェンター。1990年代末から2000年代初頭にかけて大々的におこなわれた、ヒトの全遺伝情報を解析する「ヒトゲノム計画」を推進した主要人物の一人である。

当初、「デザイナーベビー」の問題点とされたのは容姿や知能だった。着床前診断によって、初期段階の卵からDNAを採取し、病気にかからない子どもを得るのは認めてもいいが、背の高さや知能、顔かたちといった形質を選んで子どもをつくるのはダメだ、という結論であった。

論文を読むかぎりでは、ヴェンターの主張は、「どこまでが許されるか」という区分がはっきりしておらず、やがてなし崩し的に「なんでもあり」の状態になってしまうのではないか、という危惧を覚える。

たとえば、同じ遺伝病といっても、70歳程度まで生きることができるものと、20歳前後で亡くなるものとを、まったく同じように胎児期に診断していいものだろうか。あるいは、将来的に本人が悩むであろう「低身長」や「斜視」といった身体的特徴を、病気として遺伝子段階で改変していいのか。

後者のDNA解析と遺伝子改変を認めるのなら、いずれ当然、芸術の才能や運動能力、数学の才能やより望ましい外見を選択することはどうなのか、という議論が出てくるはずだ。

私たちが理解しておくべきは、単純なDNA解析と遺伝子改変だけで、デザイナーベビー、すなわち望みどおりの子どもを手に入れることはできないということだ。右に挙げたようなさまざまな身体的特徴・性質は、いくつもの遺伝子と、さらには環境との相互作用によって決められるものであり、単純な遺伝子診断だけでは決してわからないからである。

また、これとは別に、食事や運動などの後天的な環境によっても、遺伝子の発現のしかたが変化することが明らかになってきている。そのような現象を探求する「エピジェネティクス」という学問領域も進歩してきており、生命科学の進展によってかつて無邪気に思い描かれたデザイナーベビーの実現は、むしろ遠のいている印象もある。

いずれにせよ、「DNAで何もかもがわかる、操作できる」と断定する主張には、注意したほうがいい。

⚜「ゲノム編集」とはなにか——二つの手法

「望みどおりの子ども」をつくるデザイナーベビーについては、決して容易ではないと述べたばかりだが、一方で、「遺伝子を操作する」技術が目覚ましい勢いで進化しているのも紛れもない事実である。

その代表格であり、第2章でもかんたんに触れた「ゲノム編集」について、ここでもう少し詳しく紹介しておこう。

ゲノム編集が、従来の遺伝子組換えと大きく異なるのは、遺伝子を改変しているにもかかわらず、〝特別の遺伝子〟を導入することなくおこなわれるという点にある。

図3－1に、ゲノム編集の大筋を示す。

この手法の開発には、すばらしい遺伝子改変ツールの発見が後押しをした。それが、「CRISPR-Cas9」（クリスパー・キャスナイン。以下、Cas9）というDNA切断ツールである。

《図3-1》ゲノム編集の原理

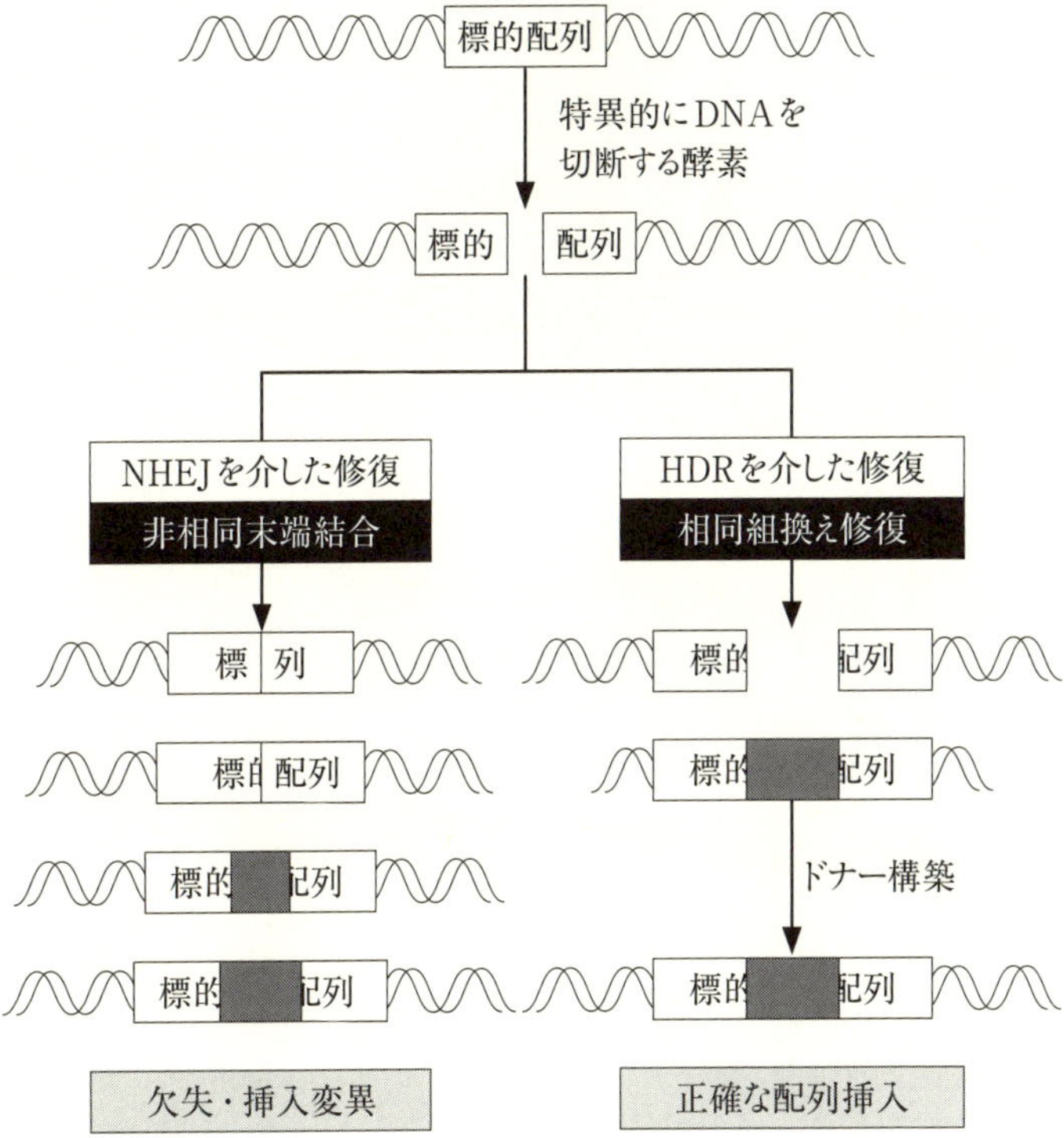

Ｃａｓ９は酵素の一種で、ＤＮＡの決まったところを切断してくれる「特定部位切断ツール」である。従来の遺伝子組換えでは、よほど慎重に工夫をしないかぎり、長いＤＮＡの特定部位を正確に切ることはできなかったが、Ｃａｓ９と、特定部位をマークする「ガイドＲＮＡ」とよばれるものを使うことで、簡易な実験設備でも正確に、しかもかんたんにＤＮＡを切断することができるようになった。

図３－１の左側の経路では、切ったところが元に戻るときに（生物には、切れるとすぐにそこを修復する機能がある）、数塩基が削られるか、あるいは数塩基が付加されることで元どおりにつながることがわかってきた。この方法を、「非相同末端結合（ＮＨＥＪ）」とよぶ。

ＮＨＥＪを介した修復では、たまたま欠失や付加が起きなければ元のままの配列を保つが、一般的には、元とは違う配列をもつようになる。こうなると、遺伝子本来の機能が失われるため、94ページで紹介した「ノックアウト」と同様に、特定の遺伝子の機能を失効させることができる。ノックアウトと異なるのは、「遺伝子操作の痕跡が残らない」という点である。

一方、Ｃａｓ９をはたらかせる際に、外部から新規の遺伝子を加えると、その切断部位に新しい遺伝子を入り込ませることができる。これが、図３－１の右側に示した経路で、こちらは「相同組換え修復（ＨＤＲ）」とよぶ。ＨＤＲは、やはり94ページに登場した「ノックイン」と同等のはたらきをする。

ＮＨＥＪやＨＤＲが、遺伝子組換えにおけるノックアウトやノックインと異なるのは、抗生物質耐性遺伝子の導入が必要なくなるという点である。抗生物質耐性遺伝子とは、外部から導入する遺伝子が実際に目標とする細胞に入ったかどうかを判別するために用いられるものである。

たとえば、大腸菌にある遺伝子を入れたい場合、その遺伝子に抗生物質耐性遺伝子をつないで導入する。それら大腸菌に抗生物質を加えて培養すれば、抗生物質耐性遺伝子（と導入遺伝子）をもつ大腸菌だけが生き残り、うまく導入されなかった大腸菌は死んでしまう。このような手法で、目的とする導入遺伝子をもつ（うまく入った）細胞だけを選別することを「選択」とよぶ。

ＨＤＲは「外来遺伝子を導入する」遺伝子操作に該当するため、遺伝子組換えの範疇に入るが（遺伝子組換えは、その種が本来はもっていなかった別の種の遺伝子を導入する行為であるため、安全性などを事前に確認する審査が必要になる）、ＮＨＥＪのほうは遺伝子組換えには該当しないため審査は不要ではないか、という議論がある。そもそも、「遺伝子操作の痕跡が残らない」のがＮＨＥＪの特徴なので、操作をおこなったかどうかすら判別できないというのが実情だ。

ゲノム編集と遺伝子組換えはどう違うのか

ゲノム編集についての理解を深めるために、ここでかんたんに遺伝子組換えとの違いをまとめておこう。あわせて、植物でよく用いられるガンマ線照射・変異原を用いる「育種」との相違点も含めて表3-1に示す（表中には、NHEJについてのみ記してある）。

最も重要な点は、遺伝子組換えでは、「外来遺伝子の持ち込み（導入）」がおこなわれることである。外来遺伝子とは、前項で説明した選択のための抗生物質耐性遺伝子（これはどの組換えでも用いられる）や導入遺伝子（除草剤耐性遺伝子など）を指す。

外来遺伝子の導入がおこなわれるという点では、iPS細胞も例外ではない。対して育種では、植物にガンマ線を当てることで遺伝子変異を人工的に起こさせているため、外来遺伝子の持ち込みは不要である。

ゲノム編集、遺伝子組換えのいずれも、理論上は、目的とする（ノックアウトしたい）単一の遺伝子しか改変しない。しかし、ゲノム編集では特定のゲノムの箇所だけが変化するのに対し、遺伝子組換えでは遺伝子改変がどこで生じるかわからないという不確実性がある。一方、育種においては、多数の遺伝子が変化していることがわかっている。数万個の遺伝子のうち、半分が変

《表3-1》ゲノム編集、遺伝子組換え、育種の違い

	ゲノム編集（NHEJ）	遺伝子組換え（GM）	育種
外来遺伝子の持ち込み（導入）	**なし**	あり	**なし**
薬物・放射線の使用	**なし**	**なし**	あり
遺伝子の大幅な変化	**なし**	**なし**	あり
遺伝子変化の場所	特定部位	ランダム	ランダム

わっているケースもあるほどだ。掛け合わせをおこなっているのだから当然である。

⚜遺伝子改変で能力を伸ばす!?

遺伝子改変については、もう一つ、重要なテーマがある。

「エンハンスメント」の問題である。エンハンスメントには、「増強」「強化」「拡張」といった意味があるが、遺伝子改変においては、ゲノム編集などの手法を用いて、私たちヒトが本来もっている能力を人工的に強化・増進させることを指す。

一般には、エンハンスメントによってヒトの機能を人工的に向上させることは、否定すべきものとされている。その代表例が、オリンピックなどのスポーツ競技におけるドーピング禁止令で、人工的に能力を向上させる薬剤（疲れを感じさせない覚醒剤や筋肉増強剤など）はもちろん、風邪薬に入っているエフェドリンも禁止されている。

それでは、「軟骨や皮膚を移植するのはどうなんだ?」「iPS細胞で修復した臓器はエンハンスメントに当たらないのか?」と疑問を広げていくと、線引きが難しいのが実情だ。

実際にかつて、次のような事例があった。

冬のオリンピックにおけるクロスカントリー競技で活躍したある家系で、エリスロポエチン受容体（EPOR）という遺伝子に変異があり、ふつうなら酸素が不足した状況でのみ赤血球数を増やす機能をもつEPORが、この家系では通常の酸素状態でもはたらいて赤血球数が増え、持久力が増強されていたのだ。いわば、平地で高地トレーニングをしているような状況が遺伝的に生まれているわけであり、この能力によって大活躍できたというのである。

これについては、「自分の赤血球を前もって保存しておいて、走る前に体に戻すドーピングと同じじゃないか」と批判する意見が出される一方、「自然に起こった多様性の一つなので認めるべき」という容認派の声もあって、議論がつづいている。

スポーツにおいてさえ、なかなか議論がまとまらない状況であることをふまえると、より一般的な意味でのエンハンスメント、すなわち知力や学力が遺伝子改変によって強化できる時代が訪れた際には（それはそう遠くない可能性がある）どうすべきか、いまから考えておいても決して早すぎはしない。

ゲノム編集は怖い技術か？——そのリスクの考え方

デザイナーベビーやエンハンスメントなど、遺伝子改変によって生じうる問題について見てきたが、一方で、ゲノム編集などの遺伝子改変技術をどう規制するかについては、少々極端な意見も多いようだ。科学として、現実に即した議論がおこなわれるためにはどうあるべきか、私見も交えて考えてみたい。

ゲノム編集のような新たな、そして強力なツールが登場した際に、やみくもに反対する意見が出されることがある。「デザイナーベビーをつくる可能性がある」とか「どこに変異が入るかわからないから怖い。危険だ」といったものだが、そのほとんどは、研究経験のない人たちからのものである。

確かに、そのような危惧はまったく無視すべきではない。前者については、現状はすでに述べたとおりなので、ここでは後者について考えてみよう。「どこに変異が入るかわからない」は遺伝子組換えに顕著だったが、じつは、ゲノム編集においても皆無ではない。

目的の箇所以外で切断が起こる「オフターゲット効果」が生じる可能性があり、たとえば図3－2に示すケースでは、第3番染色体上の遺伝子を切断する目的でおこなったゲノム編集で、第7番、第16番、第22番の3ヵ所で目標を外れた（オフターゲットの）切断が起こってしまっている。どんな技術も、完全ではないのだ。

とはいえ、「何か危険なことが起こるかもしれない」という危惧だけで、この有力なツールを封印するのは、生命科学の進展を妨げる可能性があることもぜひ知っておいていただきたい点で

《図3-2》オフターゲット効果

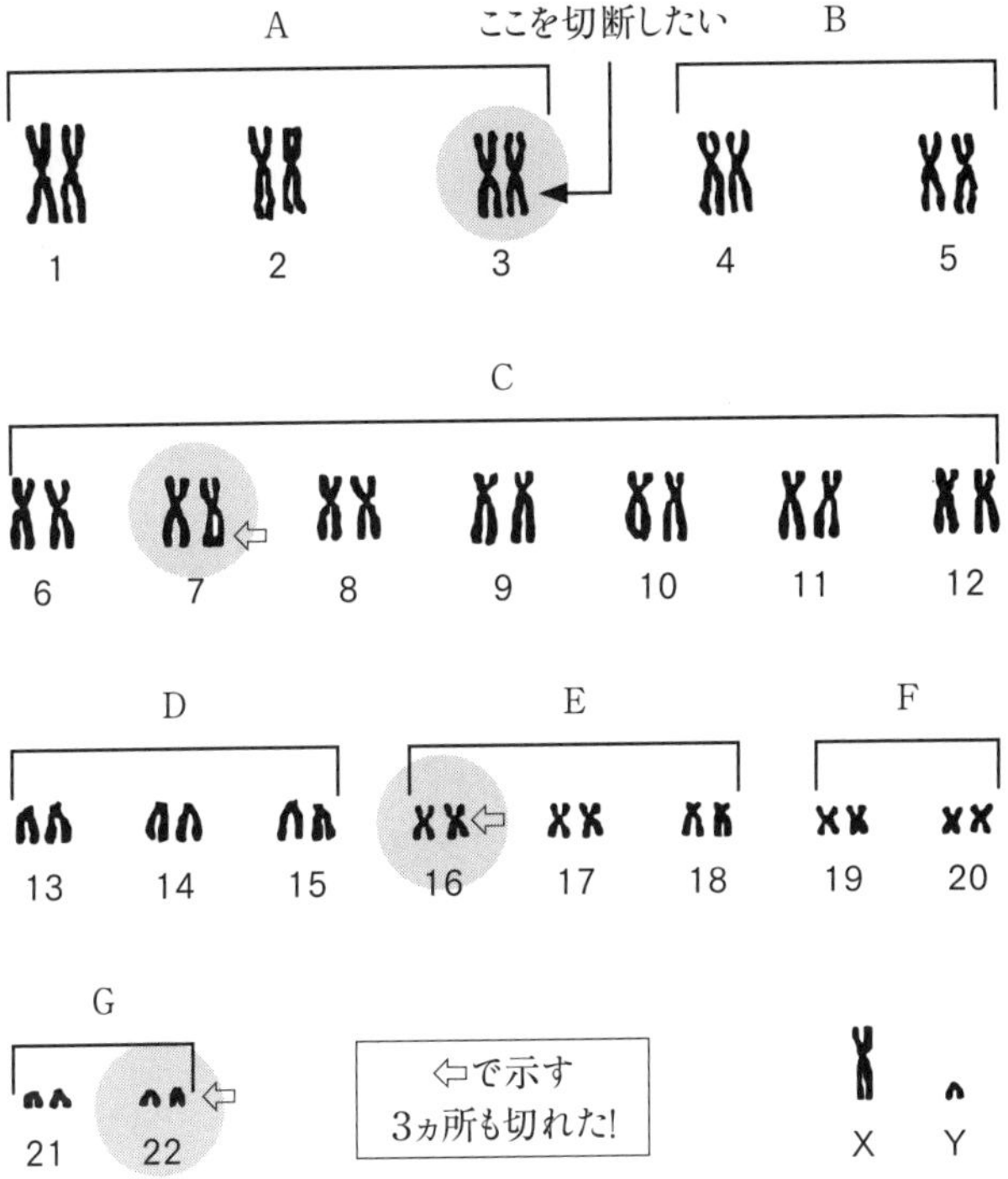

ある。オフターゲットが起きていないか、すべてのゲノム編集において逐一調べるには、途方もないお金と時間を必要とするからだ。

しかも、オフターゲット効果によって生じた変異を特定するのがまず第一段階、次にその変異が実際に問題を生じるのか、あるいは、特に意味をもたない単なる変異なのか（そのような変異を「一塩基多型：SNP」という）を調べる第二段階があり、想像以上に大きな負担になる。これでは、せっかく登場した新たな技術のメリットを得ることなど不可能だ。

私個人は、クレイグ・ヴェンターの「顔かたちですら、ゲノムを読むことでわかる可能性がある」という意見は信用していない。背の高さや知性、思いやりなどは、「たんにゲノムを読んだだけではわからない」はずで、「デザイナーベビーをつくる可能性」は相当に低いか、はるかに遠いと考えている。

ゲノム編集についても、従来の遺伝子改変技術に比べてより安全だろうという印象をもっているが、遺伝子組換えと同様、現時点では少なくとも10年くらいは規制を厳しくしてようすを見るべきと考えている。

実際の規制にあたっては、机上の空論ではなく、現実に即した議論ができるようにするのが本来の科学界の役割だが、科学者の声が小さい我が国では、それもなかなか難しいのが現状だ。この点については、科学者の一人としてとても残念に思っている。

⚜欧米でまったく異なる考え方

ゲノム編集の安全性について、欧米諸国はどう考えているのか？

たとえば米国農務省（USDA）は、NHEJでは外部から遺伝子を導入しないことに加え、遺伝子改変した証拠が残らないこともあり、ゲノム編集を施した農作物の審査は不要という立場をとっている。実際に、色が黒くならないマッシュルームなどが市場に出回る日も近い。

その論拠は、外来遺伝子を導入しないのなら、ガンマ線や化学変異原で遺伝子改変をおこなう植物の育種と同じ、というものである。ことマッシュルームに関しては、菌類であって植物ではないという側面も後押ししているようだ。米国は基本的に、「製品ベース（product-based）」で考えよう、という意見が強い。ただし、そのUSDAも、HDRを施した植物は審査対象にする、としている。

ちなみに、同じ米国でも食品医薬品局（FDA）は、遺伝子を改変した動植物はNHEJも含め、すべて審査対象にすべし、という立場をとっている。

一方のEUは、基本的にはゲノム編集を施した生物は、すべて遺伝子組換えと同様に審査しなければならない、という方針を決めた。ヨーロッパでは、米国とは対照的に、「ゲノム編集という手法自体が遺伝子に改変を加えることであり、特別扱いはできない」という「経過ベース(process-based)」の考え方が強いためである。

⚜ゲノム編集はなぜ、急速に広まったのか

ゲノム編集に関しては、その登場から短期間でノーベル賞候補といわれるまでになったことから、一般の人たちの認知度も一気に上がった経緯がある。

ニュース等で報じられる応用範囲の広さを見ても、従来の遺伝子組換え等に比べて審査体制が甘く、非専門家を含む多くの人がすでに容認した技術になっている、という印象をお持ちの人も多いだろう。

それほど早く世の中に広まった理由をあらためて確認しておこう。

まず第一に、ゲノム編集には大きな費用がかからない点が挙げられる。じつは、遺伝子組換えは開発費用がバカにならない。ちなみに、トウモロコシやダイズなどの農作物については大手企業が販売を独占したために、遺伝子組換えという技術そのものへの反発が強まったという経緯があった。

第二の理由として、ゲノム編集では従来の育種に比べて非特異的な変異の導入が少なく、戻し交配などの手間を省くことができる。戻し交配とは、たとえば次のようなものをいう。寒さには弱いが美味しいA種と、寒さに強いが美味しくないB種の2種類がある野菜があったとしよう。この両種を単に掛け合わせただけだと、寒さへの耐性も味もそこそこの、魅力の薄い種ができてしまう。そこで、この中間種をふたたびA種と掛け合わせることで、品質をAに近づけ、寒さに強く味のよい種をつくり出すのが戻し交配だ。戻し交配を繰り返すことで、よりA種の品質に近づけていくのだが、これには手間とコストがかかる。１９８０年代に比べて技術が進歩し、毒性の検査などがかんたんにおこなえるようになった点も、ゲノム編集の後押しとなった。

第三に、一般の人たちを含む非専門家の遺伝子操作に対する知識が向上し、「遺伝子変異」という現象そのものが、人為的なものに限らず、自然にも起こりうるものであることが理解されてきたことも大きい。育種による大幅な、かつランダムな遺伝子変異よりも、より正確に目的の遺伝子変異を実現できるゲノム編集のほうが相対的に安全だという認知が広まってきているのである。

これも技術の向上によって、ゲノム編集を施された生物と、ゲノム編集を受けていない元の生物を比較することで、単一の遺伝子の有無による差異（一塩基多型：ＳＮＰ）を容易に見出せることも、そのような理解を広めることに一役買っていそうだ。

⚜ゲノム編集で「身の多い鯛」が誕生

現在、実際におこなわれているゲノム編集の実例をいくつか見ておこう。

有名なものとしては、「角のない牛」のゲノム編集による作製がある。ご存じのように、牛には生まれつき角があるが、そのまま放置しておくと飼育する人に危険がおよぶおそれがある。そのため、畜産農家では従来、成長中の角をえぐり出すという処置を施してきた。ゲノム編集を使うことで、角のない牛をつくり出すことができるのである。

また、肉の量を増やす目的でおこなわれたゲノム編集もある。

「マイオスタチン」という遺伝子は、その機能が失われると筋肉量が数倍に増えることがわかっている。この遺伝子の本来の機能は、筋肉の増生を抑制することなのだ。

ベルジアンブルー種の牛は、もともとマイオスタチンがはたらかないような遺伝子変異をもつため、生まれつき筋肉がたくさんついており、成長するとふつうの牛の2倍近い筋肉量になる。また、生まれつきマイオスタチンをもたない子どもは、幼少期から筋肉がモリモリになることがわかっている。

ゲノム編集によってマイオスタチン遺伝子をつぶせば、筋肉量が増えるのは確実である。実際に京都大学では、この手法によって身の量が多い鯛をつくった。

また中国では、うどん粉病に耐性をもつ小麦がつくられるなどしている。

⚜生物集団全体の遺伝子に変異を起こす!?

ただし、ゲノム編集はもちろん、良いことずくめの〝夢の技術〟ではない。使い方を間違えれば、思わぬ結果を生じさせてしまうリスクをはらんだものであることも、きちんと理解しておいていただきたい。大げさにいえば、人類を救う技術にもなりうる一方、私たちを滅亡させる可能性をもっているのだ。

その代表例が、「遺伝子ドライブ」である。遺伝子ドライブとは、ある生物の集団のなかで、特定の遺伝子が、他の遺伝子に比べて極端に偏って遺伝する現象をいう。ゲノム編集によって人為的に遺伝子ドライブを起こすことで、特定の生物集団全体に遺伝子変異を起こそうという試みがなされている。

たとえば、「マラリアを媒介する蚊を撲滅する」というものがある。

図3-3に示すように、マラリアを媒介しないように遺伝子を改変した蚊を放った場合を考え

《図3-3》改変遺伝子の伝わり方

自然界では、改変遺伝子は通常50%の確率で子孫に受け継がれる。

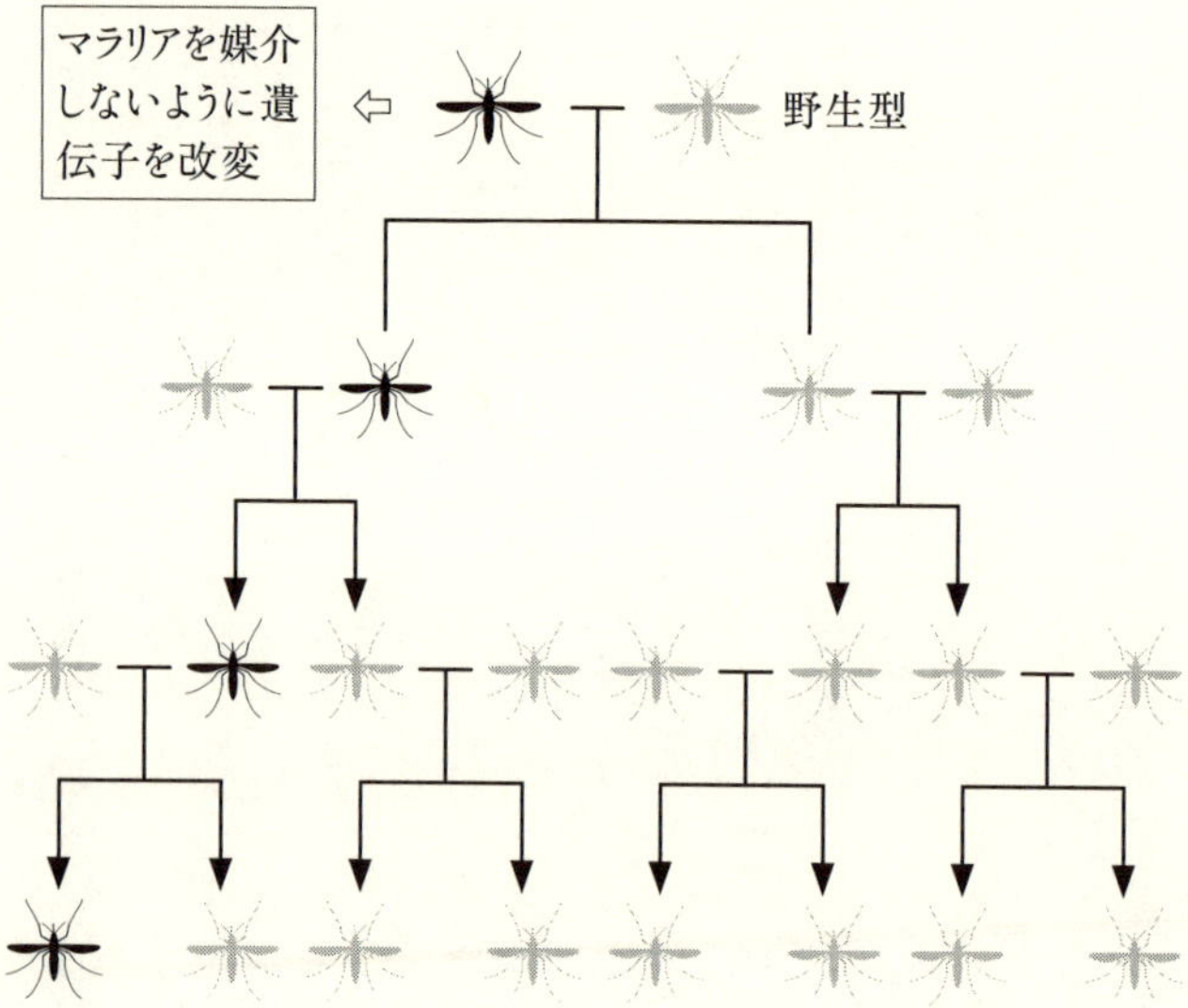

てみよう。この方法で、蚊の集団全体に「マラリアを媒介しない」という性質が広まるだろうか？

改変された遺伝子は、2分の1（50％）の確率でしか子孫に受け継がれない。このため、数世代を経るうちに、生態系中の蚊の集団全体には、改変遺伝子をもつ蚊の子孫はほとんど含まれなくなってしまう。

これを防ぐには、図3－4に示すように、遺伝子を改変した蚊が野生型の蚊と交配しても、そのすべての子孫に改変遺伝子が伝わっていくようにすればよい。そうすれば、生態系中にはマラリアを媒介しない蚊だけが残り、マラリアを撲滅できる！　というわけだ。すでにブラジルなどでは、このような蚊が放たれており、興味深く推移が見守られている。

しかし、どうすれば「すべての子孫に改変遺伝子が伝わる」ようにすることができるのか？

⚜Cas9の巧妙な使い方

じつは、このメカニズムはきわめてかんたんで、蚊の遺伝子にCas9を組み込めばいいのである。Cas9を組み込まれた蚊が野生型と交配してできた雑種第一世代は、ふた組あるうちの片方の遺伝子にCas9をもっている。それがもう一方の遺伝子を切断して、その場所に新たに

《図3-4》遺伝子ドライブの概念図

改変遺伝子はすべての子孫に伝わる

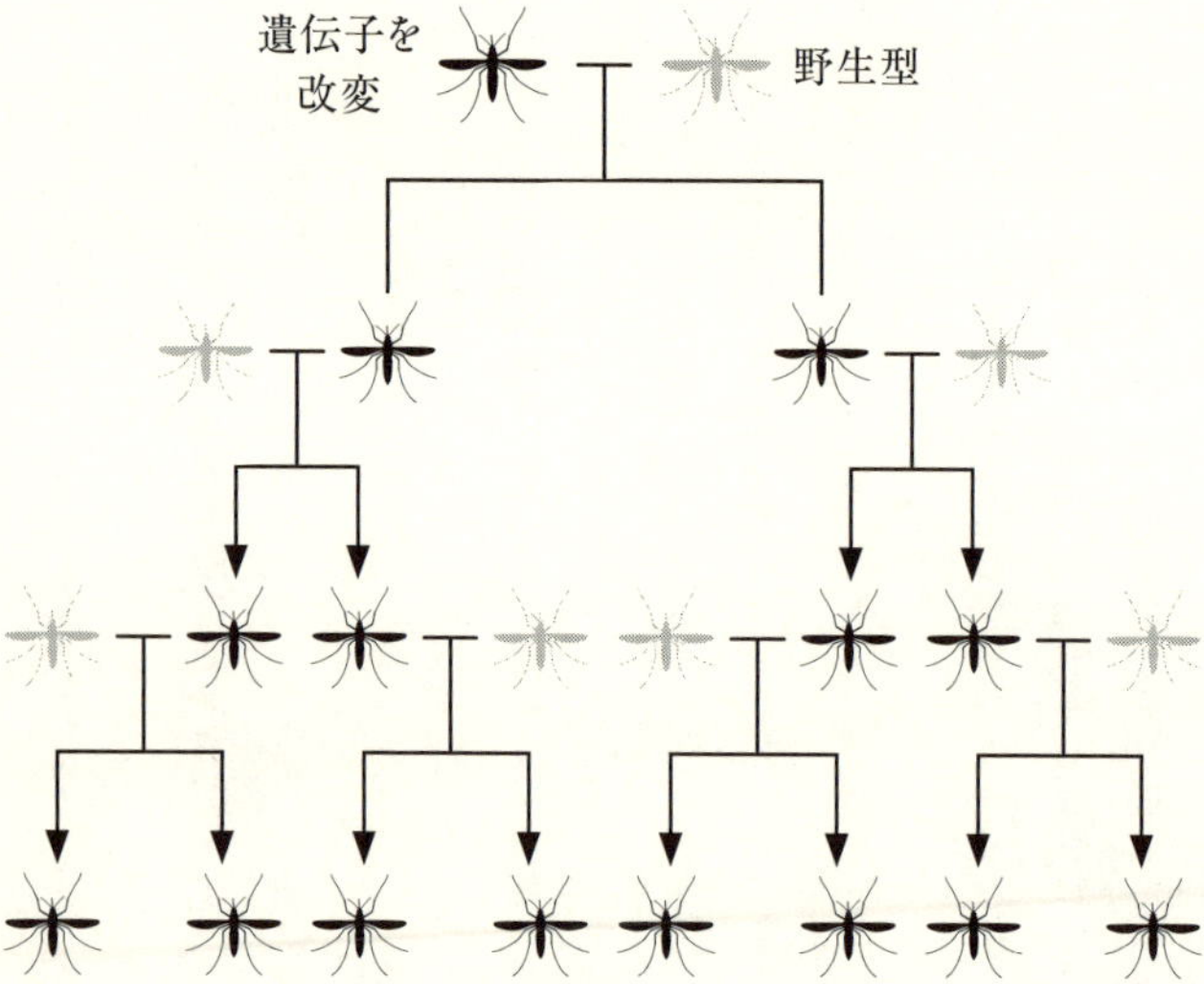

Cas9を組み込んでくれる……、という現象が世代をまたいでつづいていくのである。

ただし、遺伝子改変した蚊は生存率が低いとか生殖率が低いといったデータも出されており、目的どおりにマラリアを媒介する蚊を撲滅することができるかどうかはまだわからない。また、たとえ成功しても、生態系中のすべての蚊がマラリアを媒介しない遺伝子改変型になると、マラリア原虫の側に適者生存のための選択圧がかかり、たとえば従来とは異なる感染力をもつタイプが現れる可能性もある。一筋縄ではいかない問題だ。

人為的に遺伝子ドライブを起こす例としては、ここで紹介したマラリアのほかに、デング熱やジカ熱を媒介する蚊や、農薬に抵抗力をもつ害虫の駆除などがあり、いずれも私たち人間にとって有用なものと考えられている。しかし、「意図的に遺伝子ドライブを起こす」ということは、対象となる生物集団全体に遺伝子変異を広める行為にほかならない。

そのように遺伝子を改変された生物をコントロールの利かない自然環境に解き放っていいのか、また、そのことが他の生物に与える影響をどう考えるかなど、さまざまな問題をはらんでいることを忘れてはならない。先に指摘した、マラリアを媒介しない蚊ばかりになった世界でマラリア原虫に生じた変化が、たとえばヒトに致死的な影響をおよぼすものだったら……？

あらゆる技術には利点と欠点がある。生命のあり方そのものに影響を与える遺伝子操作の技術はなおさらである。

⚜遺伝子ドライブは哺乳類にも起きるのか?

ところで、遺伝子ドライブは、私たちヒトを含む哺乳類でも生じるのだろうか?

遺伝子ドライブはそのメカニズム上、有性生殖をおこなう生物であればどんな種にも起こりうる現象である。反対に、分裂によって無性増殖する細菌や、ウイルスなどには応用できない。

もちろん哺乳類にも応用可能で、実際に試みられている例がある。

たとえば、島などの閉鎖環境に移入してきたネズミなどの外来種の駆除に問題を抱えている自治体は多くあるが、そのような地域に遺伝子ドライブによってオスしか産まれないように遺伝子改変したネズミを放てば、最終的に外来種はいなくなる。哺乳類ではないが、コイなどにも応用可能な技術である。

しかし、ここにも問題があり、他の種と交配してしまったら、他種にもこの遺伝子が拡がるおそれが考えられる。

ある島に固有の種Aがいて、外来種であるBの増殖に苦労していたとしよう。そこでB種に遺伝子ドライブをかけた場合に、たまたま交配したA種も絶滅してしまうリスクがまったくないとはいえないのである。先にも指摘した「遺伝子改変された生物をコントロールの利かない自然環境に解き放つ」リスクだ。

ヒトの生殖細胞には？

ヒトの生殖細胞に対するゲノム編集が禁止されている理由も同様だ。

前述のデザイナーベビーの問題だけではなく、ヒトという種全体の遺伝子が大幅に改変されてしまうリスクがあるからだ。コントロールが利かないうえに、そもそも人間が勝手に人類の形質を変えてもいいのか、という倫理的な根本問題もある。我が国はもちろん、米国においても、この規範を守らなければ国からの研究費は受けられない状態になっている。

しかし、遺伝性疾患をもつ家系の人の立場からは、これとは異なる考えもありうる。ゲノム編集を用いることで、一族から疾患遺伝子を一掃できる可能性があるからだ。このような考えに対して、遺伝子ドライブをかけるリスクまでとらなくても、受精卵の遺伝子診断（着床前診断）によって回避可能なのではないかとか、第三者から配偶子提供を受ければいいではないか、という議論をする人もいるが、当該の家族にとってきわめて深刻な問題であることからなかなか噛み合わないのが実情だ。

特に、優性遺伝疾患の場合は、50パーセントの配偶子に変異が入っているし、優性遺伝のホモ接合体の場合には、すべての配偶子に変異があるため、着床前診断に意味がないという状況もある。これを回避するには、生殖細胞にゲノム編集を施す以外に選択肢が残されていないのである。

米国では、生殖細胞の改変を禁止している政府から資金が出ないことから、民間企業（あるいは個人）が生殖細胞のゲノム編集研究に費用を出す例が見られるようになった。ヒトの受精卵にゲノム編集をおこなうのだが、変異が精子の側にある場合に、Ｃａｓ９の遺伝子を入れる代わりに、精子とＣａｓ９タンパク質を正常な未受精卵に導入し、遺伝性の心筋症の変異を治すという実験もおこなわれた。

ゲノム編集技術は、私たちの想像以上に、かなりのところまで進んでいる。その影響をすでに、ヒトという種全体として受けつつある私たちには、「この技術をどう使っていくのか」という重い問いが残されている。

＊

本章では、「駐車場の王様」の遺骨から採取されたＤＮＡが明かしたリチャード３世の身体的特徴の話を皮切りに、ＤＮＡの改変によって私たちヒトを含む生物のありようがどのように影響を受けうるのかを見てきた。

次章では、もう一つの「王家の遺伝子」にまつわる興味深いエピソードを紹介することにしよう。その舞台は――、ファラオが権勢を振るった古代エジプトである。

第4章

「ツタンカーメンの母」は誰か?

——ミイラに遺されたDNAからわかったこと

ファラオの象徴となった「黄金のマスク」の持ち主、
ツタンカーメンは、いったい何者だったのか?

GRANGER.COM/アフロ

⚜古代エジプトの〝最盛期〟に残された謎

紀元前3150年頃の第1王朝樹立にはじまり、紀元前30年に共和政ローマに滅ぼされるまで、3100年以上もの長い歴史を誇った古代エジプトには、さまざまな王朝が築かれてきた。各王朝を統治したのが「ファラオ」とよばれる王であったことは、みなさんよくご存じのとおりだろう。

前章までに見てきた「駐車場の王様」＝リチャード3世につづいて、本章の主題となる「王家の遺伝子」の持ち主は、世界で最も有名なファラオ、すなわちツタンカーメンである。

ツタンカーメンは、古代エジプト3100年の歴史のなかで、ちょうど中頃の時期にあたる紀元前1570年頃から紀元前1293年までつづいた第18王朝の王の一人である。第18王朝にいたる直前、古代エジプト世界は国内で分裂が生じ、混乱期にあった。

その混乱を収束させ、国内を再統一することで、第18王朝の始祖となったのがイアフメス1世である（図4‐1）。第18王朝期には、ツタンカーメンのほかにも、「古代エジプトのナポレオン」とも称された軍神トトメス3世や、その継母として、古代エジプトの女性としては初めて実質的な権力を掌握したハトシェプスト女王など、古代エジプト史を彩る数多くのファラオが登場

《図4-1》第18王朝の系譜

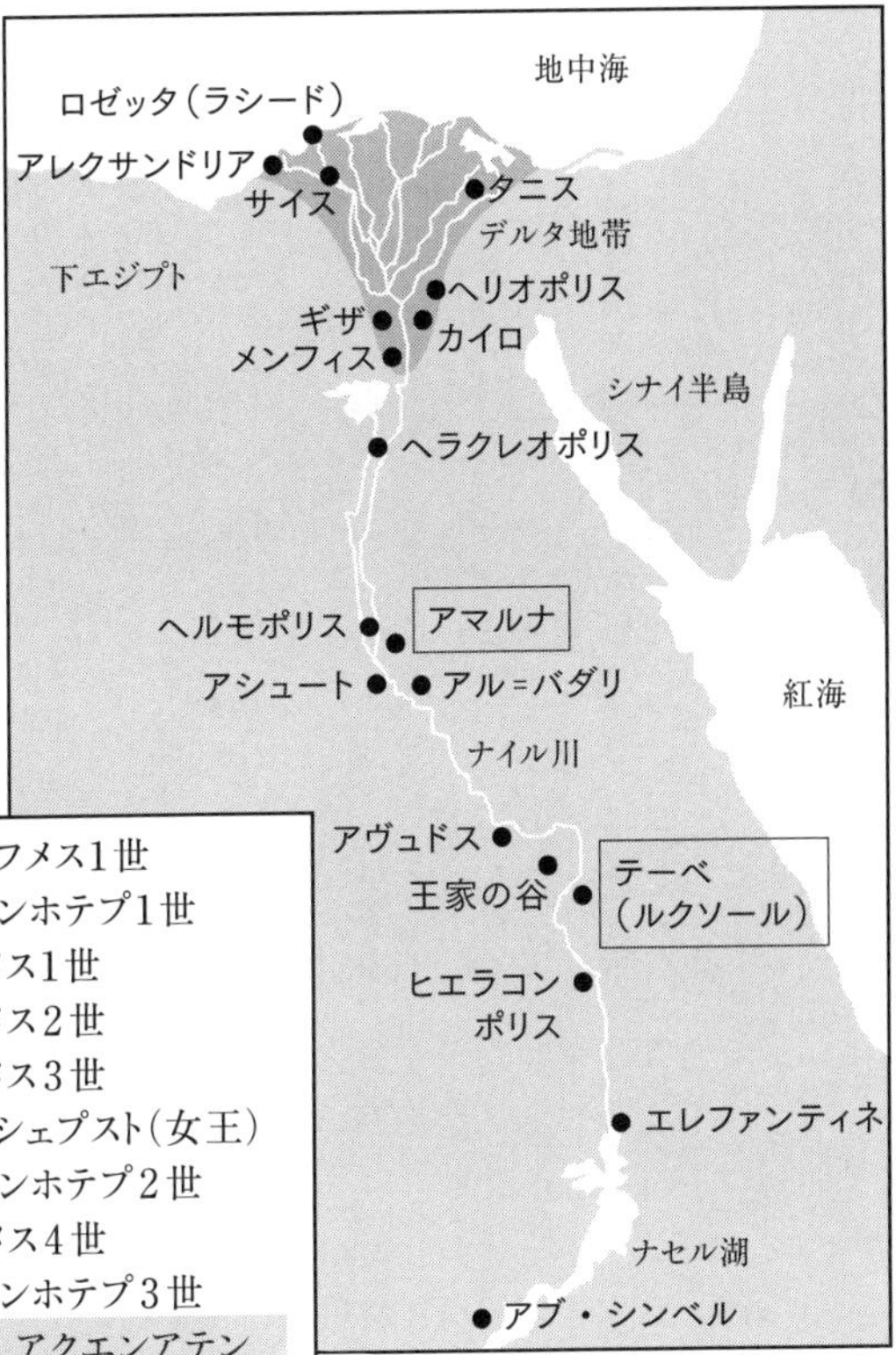

↓ イアフメス1世
↓ アメンホテプ1世
↓ トトメス1世
↓ トトメス2世
↓ トトメス3世
↓ ハトシェプスト（女王）
↓ アメンホテプ2世
↓ トトメス4世
↓ アメンホテプ3世
　↓ アクエンアテン
　↓ スメンクカラー
　↓ ツタンカーメン
　↓ アイ
↓ ホルエムヘブ
↓ ラメセス1世

歴史から消された王たち

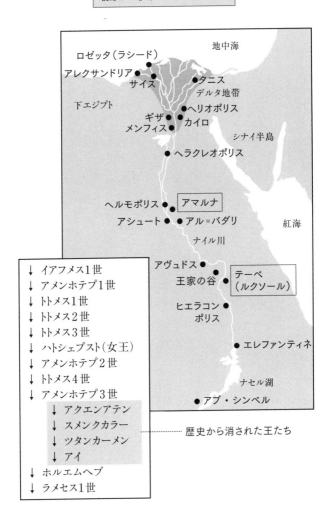

した、いわば〝最盛期〟である。

しかし、この古代エジプト第18王朝には、多くの謎が残されている。

その一つが、何人かの王たちの名が歴史から消されていることで、なかでも有名なのがツタンカーメン王である。1922年に考古学者のハワード・カーターによって発見されるまで、3000年以上ものあいだ盗掘をまぬかれてきた王墓からは数多くの宝物が見つかり、一躍、世界に知られるところとなった。ミイラに被せられていた「黄金のマスク」はいまや、古代ファラオの象徴ともなっている。

ツタンカーメン王のミイラが発見されたことは、リチャード3世が「駐車場の王様」としてよみがえったことと同じく、それまでに知られていた歴史を大きく書き換えるものとなった。古代エジプト史の暗部に隠されていた、第18王朝の幾人かの王たちの存在が明るみに出てきたのである。

そして、21世紀になって、そのツタンカーメンをはじめとする複数のミイラの骨から、DNAが抽出された。それらDNAを解析したデータからは、石版（レリーフ）に彫られ、後世に伝えられてきた公式の歴史には見られない〝隠れた歴史〟が浮かび上がってきた。従来は不明とされてきた親子関係がはっきりしたものもある。

そして、これまでの謎が明らかになった後には――、新たな謎が、歴史の上に浮上してきたのである。

人類史上初めての「一神教」の誕生

図4-1を再度ご覧いただきたい。

イアフメス1世にはじまる第18王朝の歴史は、トトメス3世とハトシェプスト女王らの時代につづいて、アメンホテプ3世の時代が到来する。この第9代ファラオの在位期間は40年に迫る長さを誇り、現在も観光地として人気の高いルクソール神殿を建設するなど、王朝の黄金期であった。アメンホテプ3世とその王妃ティイは、ツタンカーメンとならぶ、本章のもう一方の主役である。

アメンホテプ3世の跡は、次男であるアメンホテプ4世とその王妃ネフェルトイティーが継いだ。二人は、古代エジプトの伝統的な首都であるテーベを離れ、新都アマルナを建設したが、ここから時代は暗転する。

アメンホテプ4世が即位した当時、古代エジプトの太陽神である「アメン神」崇拝が全盛期を迎え、これに仕える神官たちの権力はファラオのそれを凌駕するほどになっていた。妃であるネフェルトイティーの熱心な信仰に影響を受け、自身も夕日を神格化したとされる別の太陽神「アテン」への崇拝を強めていたアメンホテプ4世は、アメン神への信仰を禁じ、アテン神を唯一の神と定める政策を断行した。

アテン神の名にちなみ、自身も「アクエンアテン」と改称したアメンホテプ4世によるこの宗教改革は、人類史上初めての唯一神信仰、すなわち一神教のはじまりとされる。アマルナへの遷都をともなったことから、「アマルナ革命」の名でよばれている。

歴史から葬られた王たち

しかし、アクエンアテンの宗教改革は成功しなかった。

9歳でその跡を継いだツタンカーメン王は、王妃アンケセナーメンとともに王都をメンフィスに移し、元のアメン神信仰に回帰するのである。ツタンカーメンの死後、アイという老人が王位に就いたが、その次に王の座を継いだ将軍ホルエムヘブによって、アマルナ革命の痕跡は完全に消し去られることとなった。

アクエンアテンからアイまでの王たちは、歴史の表舞台から葬り去られたのである。歴代ファラオの姿をいまに伝えるレリーフこそ残っているものの、彼らの名前は削り取られているのである。

ツタンカーメンが生まれたのは、アクエンアテンがアテン神を唯一の神と定めていた時期であった。そのため当初は、末尾に「アテン」の文字が入るツタンカーテンの名でよばれた。王妃アンケセナーメンも、アンケセンパーテンという名であった。

アクエンアテンの死後に元のアメン神信仰に戻したことで、末尾に「アメン」の文字が入るツタンカーメンへと改称したのである。王妃アンケセナーメンも同様である。

なお、ツタンカーメンの表記は「Tutankhamen」だが、末尾の「amen」を「アメン」と読んだのか「アムン」と読んだのかは定かではない。本書では、広く用いられている「ツタンカーメン」の表記を用いる。

一方、アクエンアテンの表記は「Akhenaten」であるが、「アクナーテン」とよぶ場合もある。ここではアテン神を崇拝していたことを鑑み、「アテン」の語が残る「アクエンアテン」とよぶことにする。王妃ネフェルトイティーについても、「Nefertiti」の表記から「ネフェルティティ」という呼称が使われることがあることを付言しておこう。

⚜王家の谷――秘匿された王の遺体

「王家の谷」という名称は、多くの人が耳にしたことがあるだろう。

現在のルクソールにあたるテーベから見て、ナイル川の西岸にそびえる岩山の谷に築かれた王墓群を指す言葉で（155ページ図4-1参照）、本章の主人公である第18王朝の王たちを含む、古代エジプトの多数の王の墓が集中していることで知られる。この谷からは計24基の王墓をはじめ、多数の墓が発見されており、ツタンカーメンの墓もそのうちの一つだ。

王家の谷は、第18王朝の第3代ファラオであるトトメス1世によって築かれたもので、彼以前の王たちの墓が繰り返し盗掘に遭《あ》っていたことから、自らの墓の所在を秘匿するために、谷あいの目立たない土地に墓を建設したとされている。

それぞれの墓には、「Valley of the Kings」の頭文字をとって「KV○」という名称がつけられている。「○」の部分には発見された順に数字が振られており、たとえば「KV34」はトトメス3世の、「KV62」はツタンカーメンのというように、誰の墓であるかがわかるようになっている。ただし、ある時点でミイラを別の場所に移葬するといったこともひんぱんにおこなわれており、一つの墓に複数のミイラが埋葬されているケースも珍しくない。

このうち、「KV35」から見つかった二人の女性のミイラから、話をはじめることにしよう。

王墓から発掘された女性たち

KV35には、第18王朝の第7代ファラオであるアメンホテプ2世が祀《まつ》られている。アメンホテプ2世は軍神トトメス3世の息子で、これまでに見つかったファラオのミイラのなかでは最も高い、183センチメートルの長身を誇る。その彼の墓から、より高齢の女性(KV35から見つかった「elder lady」なので、「KV35EL」とよばれる)と、より若い女性(同様に「young lady」から、「KV35YL」とよばれる)のものとされる、2体のミイラが発見されたのだ。

ともに顔立ちがきれいに保存されていることから、DNAと表現型の両方を活用することで、親族関係を見極めるには最適な例とされた。

さて、アメンホテプ2世の孫にあたるのが、先にも登場したアメンホテプ3世である。彼の王妃ティイは、何から何まで異質な王妃であったことが知られている。

アメンホテプ3世は10歳ほどの若さで王位に就いたとされており、即位の翌年、神に仕える高官であるイウヤとその妻チュウヤの娘ティイと結婚した。その当時は、第一王妃(正妻)は姉妹から娶《めと》るのが通例だったが、ティイの場合は例外だった。しかも、ティイは他国の低い身分の出身で、本来は王家に嫁ぐ資格をもたない女性だったという。

夫婦仲は良好だったと見られ、ティイが王とならぶ彫像がいくつも残されている。ティイは、王に匹敵する権力をもっていたと考えられている。したがって、イウヤとチュウヤも相応の力があったと思われ、彼らのために大きな墓がつくられた。この二人のミイラもまた、保存状態のよいまま現在に残っている。

⚜DNAには個人差がある――どこに!?

さあ、ここからはDNAを用いてどのように親子・親族関係の鑑定をおこなうのか、その手法を詳しく見ていくことにしよう。

一般的なDNA鑑定では、私たちがもっているDNAを細胞から採取して、その配列を調べていく。以前は、DNAの含有量が多い血液や精液から採取されたが、現在は、ほんの少しの細胞があれば、鑑定に必要な十分な量のDNAを抽出することが可能だ。

たとえば、口腔粘膜を綿棒でかきとれば、おおよそ100～1500ナノグラムのDNAが採取できる。唾液1ミリリットルだとこの約10倍、血液1ミリリットルだと200倍、精液1ミリリットルで1500倍のDNAを採ることができる。反対に、歯や骨1ミリグラム、あるいは尿1ミリリットルだと、綿棒でかきとった口腔粘膜の100分の1くらいしかDNAが得られない。

DNAが採取できたら、あとはその配列を調べればよい。34ページで紹介したように、DNAにはA、T、G、Cの4種の塩基の並びによって、さまざまな遺伝情報が書かれている。その総体がゲノムだが、個々のヒトにおける配列の違い（すなわち個人差）は、500〜1000塩基に一つ程度である。

ヒトゲノム全体における総塩基数は、父母それぞれから30億を受け継いで、総計で30億対＝60億あるが、このうち約300万ヵ所に違いがあるといわれている。

逆にいえば、ヒトのDNAは意外に似ているともいえる。その違いは、わずか1塩基の場合もあり、これが先述の「一塩基多型：SNP」である。また、「AG」の2塩基が繰り返しならんでいる箇所があり、その繰り返し数が異なるといった場合もある。

現在のDNA鑑定では、もう少し長い4塩基の繰り返し領域の長さの違いを検出している（35ページで紹介したように、これら数塩基の繰り返しを「マイクロサテライト」という）。

たとえば、「D13S317」というのは、第13染色体中にある「TATC」という4塩基の繰り返し領域で、この染色体のなかにはこれしかない。実際は「TATCTATCTATC……」と続いており、これを(TATC)×nと表す。nの数が人によって異なっており、これを「多型を示す」という。

ヒトのDNAは繰り返し配列でできている

私たちヒトのDNAには、前項で見たような多くの繰り返し配列がある。「ヒトのDNAは繰り返しでできている」といっても過言ではないほどだ。

まず、6000〜8000塩基からなる「LINE」という配列が、ゲノム全体の21パーセントを占めている。また、100〜300塩基の「SINE」という配列も13パーセントを占め、両者だけで、ヒトゲノムのじつに3分の1を構成している。LINEやSINEは、ウイルスがもつ塩基の配列に似ており、太古の昔に、ヒトに入り込んだウイルスの名残と考えられている。

このほかに、レトロウイルス(RNAを遺伝子としてもつウイルス)に似た配列が8パーセント、トランスポゾン(遺伝子の移動を仲介する因子)のようなものが3パーセントを占め、さらには本書で重要な役割を果たす短い繰り返し=マイクロサテライトなどがあるので、ヒトゲノムの半数近くが繰り返し配列なのである。

《図4-2》マイクロサテライト解析

人名	D13S317	D7S820	D2S1338
イウヤ	11,13	6,15	22,27
チュウヤ	9,12	10,13	19,26
KV35EL	11,12	10,15	22,26

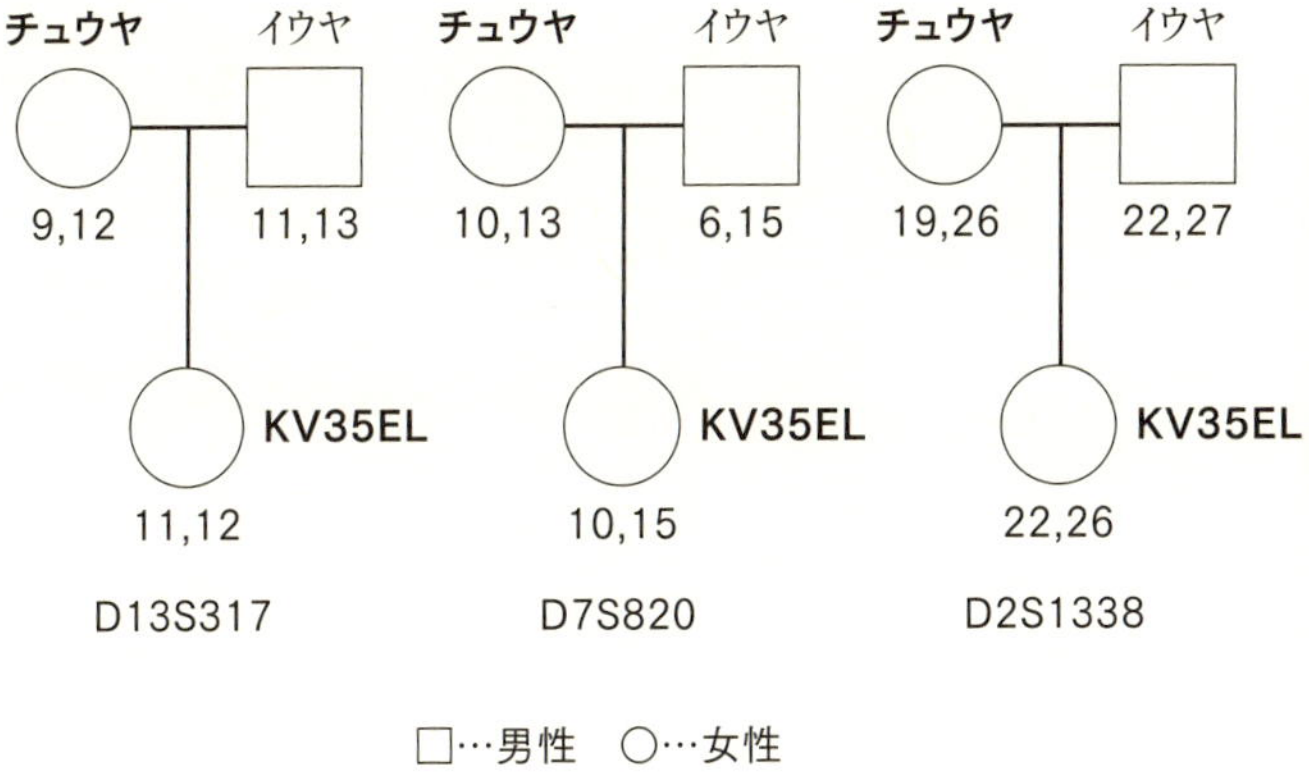

D21S11	D16S539	D18S51	CSF1PO	FGA
29,34	6,10	12,22	9,12	20,25
26,35	11,13	8,19	7,12	24,26
26,29	6,11	19,12	9,12	20,26

図4－2を見てみよう。イウヤとチュウヤのマイクロサテライトを解析したデータを示したものだ。

イウヤは、D13S317において（11、13）という多型を示した。これは、父母から受け継ぎ、それぞれ二つもっている遺伝子のうち、片方は（TATC）×11であり、もう片方が（TATC）×13であることを示している。

一方のチュウヤは（9、12）であり、自身の両親から（TATC）×9と（TATC）×12を受け継いでいることがわかる。

そうなると、イウヤとチュウヤの娘であるティイは、それらを片方ずつ受け継いでいなければならないので、（TATC）×11、（TATC）×13のいずれかと、（TATC）×9、（TATC）×12のいずれかをもっているはずである。

DNAを用いて彼らの親子関係を鑑定するには、この組み合わせをもつミイラを探すのである。

《表4-1》マイクロサテライト多型

名前	D13S317	D7S820	D2S1338
イウヤ♂	11,13	6,15	22,27
チュウヤ♀	9,12	10,13	19,26
KV35EL♀	11,12	10,15	22,26

ティイの正体

調査の結果、面白いことがわかってきた。

D13S317だけでなく、「D7S820」というマイクロサテライトにおいても、また「D2S1338」の箇所でも、KV35ELがもつ組み合わせがイウヤとチュウヤのそれに合致し、彼らの娘に該当しそうであることがわかってきたのである。

図4-2に示すデータから、KV35ELはDNAの3ヵ所において、イウヤとチュウヤの娘として異論がない、という結論が出された。一般の親子鑑定では、このような領域を何ヵ所も調べてすべて一致していれば、ほぼ親子であると断定している。

表4-1は、イウヤ、チュウヤ、KV35ELのマイクロサテライトを比較した結果である。これらから、KV35ELはティイであると同定された。

実際に、KV35ELのミイラは、左手を胸に当てて埋葬されていた。こ

D21S11	D16S539	D18S51	CSF1PO	FGA
29,34	6,10	12,22	9,12	20,25
26,35	11,13	8,19	7,12	24,26
26,29	6,11	19,12	9,12	20,26
25,34	8,13	16,22	6,9	23,31
29,34	11,13	16,19	9,12	20,23

れは王妃のしるしであり、王の場合は胸に両腕を交差するかたちで埋葬されている。そして、KV35ELの顔は、母親であるチュウヤの面立ちによく似ていた。

正体不明の謎のミイラ

それでは、宗教改革を断行した異端の王、アクエンアテンはどのミイラなのか？　ティイの正体が判明したので、彼女とアメンホテプ3世とのあいだの子どもを探せばいいことになる。

表4-2、表4-3に、いくつかの男性のミイラから得られたマイクロサテライトの分析結果を示す。アメンホテプ3世とツタンカーメンは、はっきりと正体がわかっている。

この表から、KV55で見つかった男性のミイラが、アクエンアテンであることがわかる。なぜなら、アメンホテプ3世とティイのあいだには男の子が二人いたが、長男のトトメスは若くして亡くなっているからである。

《表4−2》マイクロサテライト多型

名前	D13S317	D7S820	D2S1338
イウヤ♂	11,13	6,15	22,27
チュウヤ♀	9,12	10,13	19,26
KV35EL♀	11,12	10,15	22,26
アメンホテプ3世♂	10,16	6,15	16,27
KV55♂	10,12	15,15	16,26

しかし、KV55のミイラには、奇妙な逸話がある。

CTスキャンによって、亡くなったのは20代後半から30歳くらいではないかと推定されているのだが、この結果は、アクエンアテンが成人後にアメンホテプ3世の跡を継ぎ、その後の17年間を統治したとされる史実と反するのである。

ところが、歴史はおどろくべきことを書き残していた。

アクエンアテンの死後、短い期間、スメンクカラーという王が跡を継ぎ（王妃はアクエンアテンの長女メリトアテン）、その後、ツタンカーメンに引き継がれた、とされているのだ（172ページ図4−3）。CTの結果から、KV55がそのスメンクカラーではないか、というわけである。

しかし、アメンホテプ3世とティイの息子は、早逝した長男を除けば、アクエンアテンしかいないことがわかっている。だとすれば、スメンクカラーがアクエンアテンの弟であるはずがない。

スメンクカラーはいったい、どこから来た王なのか？

D21S11	D16S539	D18S51	CSF1PO	FGA
29,34	6,10	12,22	9,12	20,25
26,35	11,13	8,19	7,12	24,26
26,29	6,11	19,12	9,12	20,26
25,34	8,13	16,22	6,9	23,31
29,34	11,13	16,19	9,12	20,23
25,29	8,11	16,19	6,12	20,23
29,34	8,13	19,19	6,12	23,23

正体不明の王は女性だった⁉
──絶世の美女ネフェルトイティーの謎

ここに、もう一人の〝役者〟が登場する。「エジプト三大美女」の一人と讃えられるアクエンアテンの正妃、ネフェルトイティーである。ネフェルトは「美しい女性」、イティーは「やってくる」という意味で、残された彫像からは、エキゾチックな顔立ちの美女であったことがうかがえる。他国から輿入れした妻ではないか、という説もあるほどだ。

174～175ページ図4－4を見ていただきたい。

アクエンアテンとネフェルトイティーは、自分たちの三女アンケセナーメンをツタンカーメンの正妃にしている。とすると、その前の王であるスメンクカラーとは誰になるのか。

《表4-3》マイクロサテライト多型

名前	D13S317	D7S820	D2S1338
イウヤ♂	11,13	6,15	22,27
チュウヤ♀	9,12	10,13	19,26
KV35EL♀（ティイ）	11,12	10,15	22,26
アメンホテプ3世♂	10,16	6,15	16,27
KV55♂（アクエンアテン）	10,12	15,15	16,26
KV35YL♀	10,12	6,10	16,26
ツタンカーメン♂	10,12	10,15	16,26

KV35ELとKV35YLは同じ墓で見つかった。

現時点で、最も妥当性がありそうな説は以下のとおりである。

アクエンアテンの死後、王妃ネフェルトイティーがスメンクカラーという名で王位を継いだ——。これは、残されたレリーフから、ネフェルトイティーの被っている特徴的な細長い王冠が、スメンクカラーと王妃メリトアテンのレリーフに見られる王冠と酷似していることからの推測である。

また、スメンクカラーの在位中にネフェルトイティーが存命だった証拠もある。

「スメンクカラー＝ネフェルトイティー説」が唱えられる最大の理由は、スメンクカラーが男性だったという確固とした証拠がない、という事実にある。

ネフェルトイティーの墓が未発見であるため、この魅惑的な説は、あくまでも仮説にすぎない。さまざまな憶測が

《図4−3》スメンクカラーの正体は？

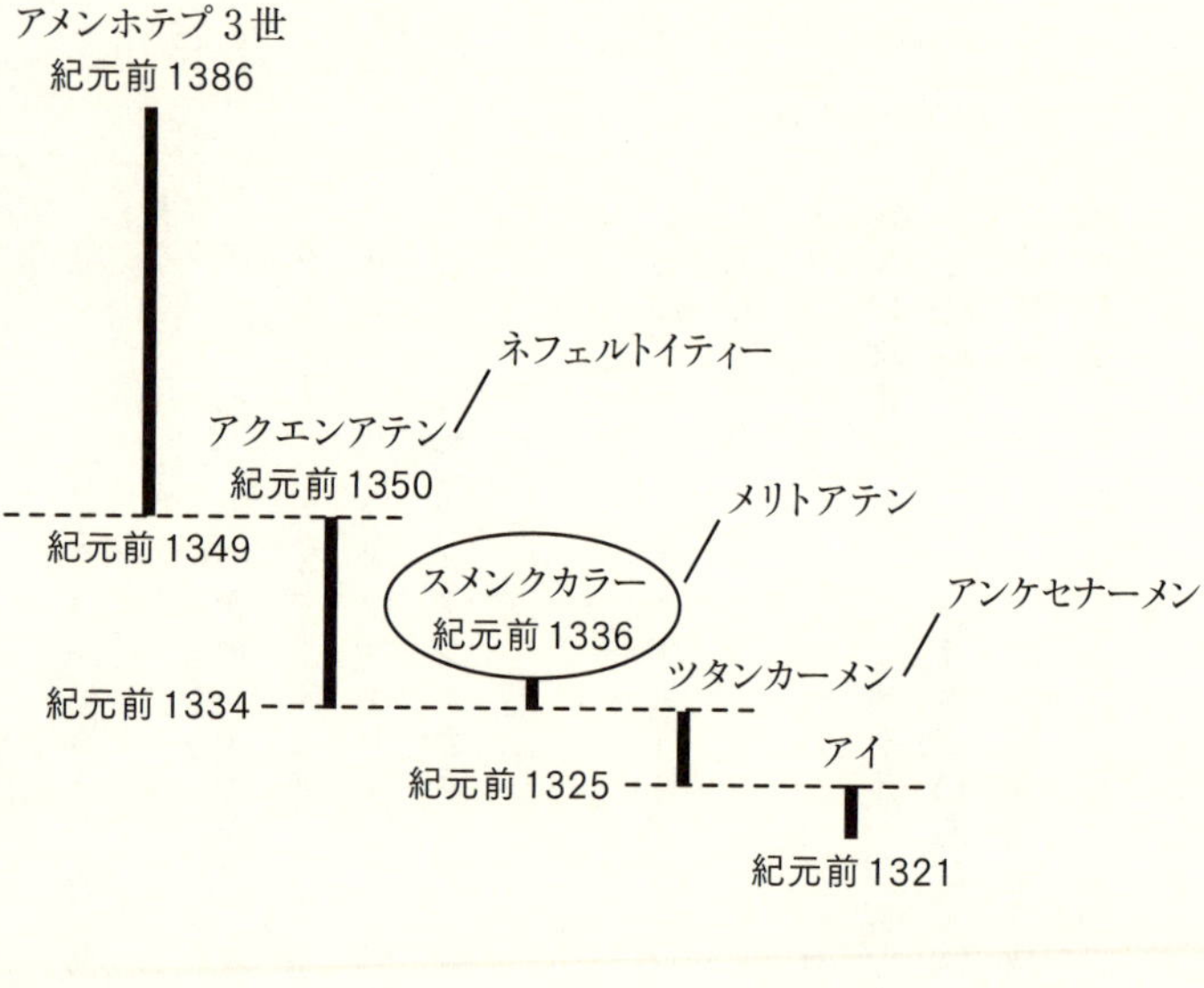

なされているが、その結果やいかに？　将来の研究が楽しみである。

KV35YLのおどろくべき正体――あの王の母だった

ここでもう一度、表4-3を眺めてみよう。

表中のアメンホテプ3世、ティイ、アクエンアテン、ツタンカーメン、そしてKV35YLのデータに注目していただきたい。ツタンカーメンは若くして王位に就いたのだから、王家の一族であることは間違いない。特に、ネフェルトイティー王妃が自身の三女をツタンカーメンと結婚させたのは、ツタンカーメンが王アクエンアテンの血を引く息子（おそらくは、ネフェルトイティーとは別の下位の王妃、あるいは側室とのあいだの子）だったからに違いない。

そのような推察をおこないながら、表4-3をあらためて詳細に検討すると、興味深いことがわかる。

アクエンアテンの息子がツタンカーメンだとすると、その母親は誰なのだろうか？　これまで話に出てきていない女性はいるだろうか？

表4-3をじっと見てみよう。このマイクロサテライトの分析結果から明らかなように、KV35YLがすべての条件を満たしている。アメンホテプ2世の王墓から見つかった「young

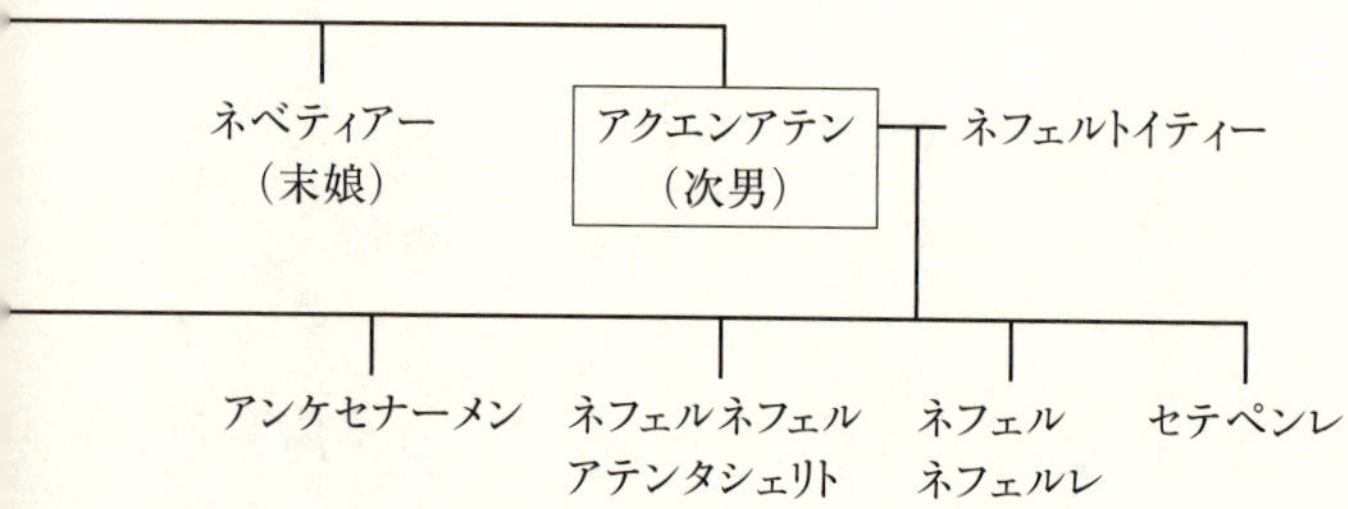

lady」、この人こそ、ツタンカーメンの実の母親だったのだ！

ツタンカーメンが、祖父であるアメンホテプ3世を「父」とよんだと書いてあるレリーフも残されており、以前から彼はアメンホテプ3世とティイの子ではないか、という説が根強く流布されていた。

しかし、170～171ページ表4－3からわかるように、この説はマイクロサテライトのデータからは支持されていない。なぜなら、D16S539、D18S51、FGAの三つの結果が合わないからである。

第二王妃キヤ
——判別できないその正体

《図4-4》王一族の家系図

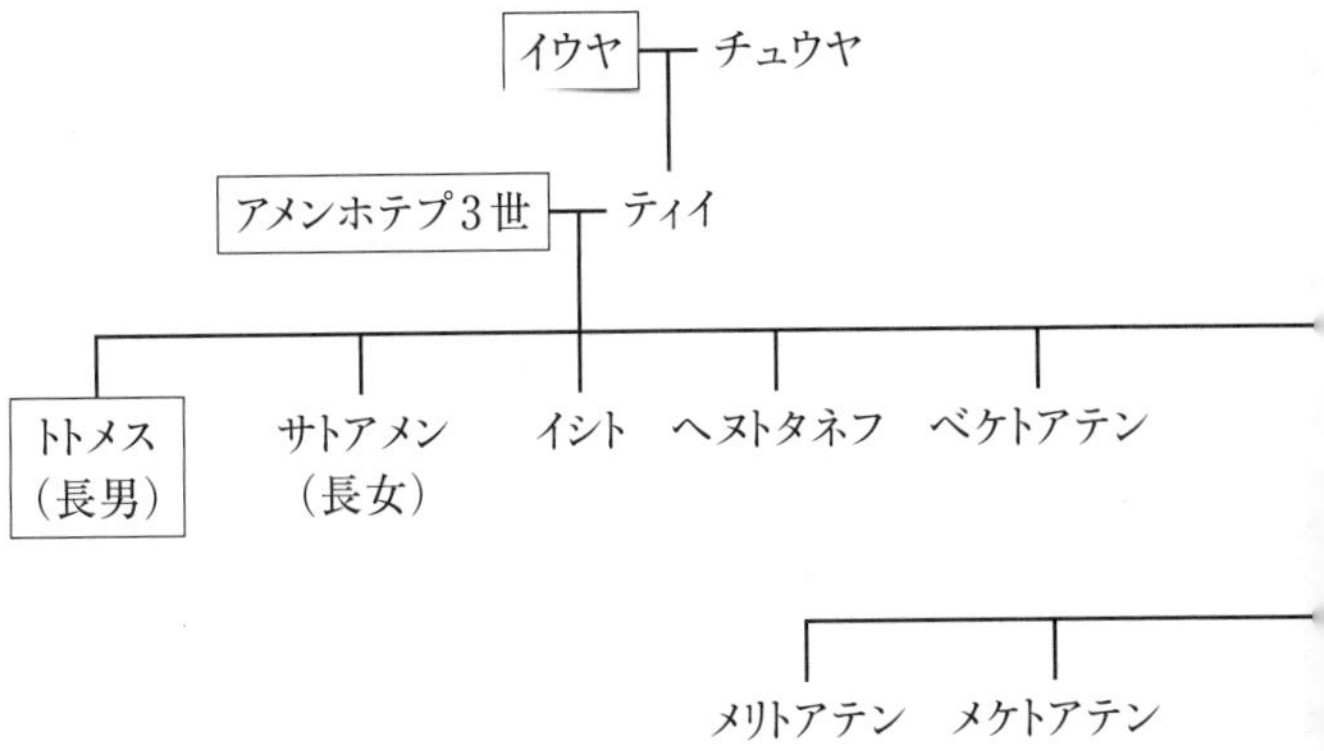

アクエンアテンには、第二王妃であるキヤがいたことがわかっている。ところが、そのキヤは歴史の表舞台から忽然と姿を消している。この事実から、ツタンカーメンの母親はキヤだったという説が長いあいだ流布されていた。この説が正しいとすれば、KV35YLがキヤなのだろうか？

最後にもう一度、表4－3を眺めていただこう。

KV35YLは、なんとアメンホテプ3世とティイの子だったのだ！　すなわち、アクエンアテン王は、自らの姉妹のうちの誰かとのあいだに、ツタンカーメンを生んだのである。

あらためて図4－4を見直すと、さまざまなものが見えてくる。

年齢からいえば、母親に該当するのはベケトアテンか末娘のネベティアーである。ところが、ネベティアーはアクエンアテン在位中にいなくなった、という報告がある。一方、ベケトアテンは「King's daughter」という名称がついていることもあって、ツタンカーメンの母親、すなわちKV35YLは、おそらくこのベケトアテンではないか、という結論が得られた。ツタンカーメンと年上の妻アンケセナーメンは、異母きょうだいの間柄だったのである。

それでは、キヤは？

レリーフからは、エジプト南部のヌビアから来たような髪形をしているので、他国から嫁いだ王妃の可能性もあるが、アクエンアテンの姉妹の一人がキヤという名前に変えた可能性も考えられる。あの第一王妃ネフェルトイティーでさえ、アクエンアテンの姉妹の一人が名前を変えた可能性が指摘されているのだ。

読者のみなさんのなかにも、同性の兄弟、または姉妹がいる人は多いだろう。同性の兄弟姉妹いずれにも子どもがいないとすると、何千年後かに遺骨が掘り起こされたときに、どれだけ詳細にDNA鑑定をおこなっても、どちらが誰だったか、という区別がつけられないのである。

ここで紹介したアクエンアテンの姉妹の個人特定ができないのも、同じ理由による。子孫が連綿とつづいていれば、数世代後なら判別がつく可能性があるが、1000年後ではたぶん判定できないだろう。

ＤＮＡ鑑定にも当然、限界があるのである。

⚜ツタンカーメンの墓に残された胎児の謎

ここから、もっと奇妙な謎について、ご紹介しよう。

それは、ツタンカーメンの王墓であるＫＶ62から見つかった2体の胎児の謎である。ともにツタンカーメンと正妃アンケセナーメンとのあいだの子で、正常に発育せずに生まれたため、父親と一緒に埋葬された、と考えられてきた。ツタンカーメンが死んだ時点ではアンケセナーメンは存命であり、夫と一緒には埋葬されていない。

その2体の胎児からＤＮＡが抽出され、「Ｄ７Ｓ８２０」（「ＧＡＴＡ」という配列の繰り返し）というマイクロサテライトが調べられた。その結果が、表４－４である。これをじっと見て、何かがおかしいと気づいた人は鋭い。

表４－４からはっきりわかるのは、アクエンアテンの15という繰り返しを、ツタンカーメンが受け継いでいることで、アクエンアテンの子どもである可能性が指摘できる。もちろん、これだけでは断定できないのだが、表４－３に示したデータから関係は明らかである。

《表4-4》胎児のマイクロサテライト

人名	D7S820
ツタンカーメン	10 15
アクエンアテン	15 15
若い婦人（ツタンカーメンの母）	6 10
胎児1	10 13
胎児2	6 15

アクエンアテンは(15、15)をもつので、その子どもであるアンケセナーメンは、一つは父親由来の15をもつはずである。また、2体の胎児の父がツタンカーメンだとすると、胎児はツタンカーメンのもつ10か15を受け継いでいなければならない。そうすると胎児1のもつ13は、母親由来になるはずである。同じく胎児2の6も、母親由来となる。

2体の胎児の母親が同一人物だとすると、その母がもつ遺伝子は(13、6)となってしまい、アンケセナーメンではない、ということになる。

胎児1と胎児2の母親が異なると考えれば、アンケセナーメンは父親由来の15をもつので(15、6)の胎児2の母となり、胎児1は側室の子ということになる。

一緒に埋葬されていた胎児2体はツタンカーメンとアンケセナーメンの子どもである――従来は疑いもなくこう考えられていたが、DNA鑑定が思わぬ事実を明らかにしたのだった。

⚜乳母マヤの謎

ツタンカーメンのレリーフには、彼に寄り添う一人の女性が描かれている。乳母マヤである。マヤと幼いツタンカーメンが仲良く顔を合わせている場面が有名である。乳母になるのは高貴な生まれの女性といわれているので、彼女もまた、アクエンアテンの姉妹のうちの誰かではないかという想像がはたらく（もしかしてメリトアテン？）。しかし、これもまた、永遠の謎である。

ミイラのDNA鑑定が示す難しさ

ここまでお読みくださったみなさんは、このような詳細なDNA解析が実際におこなわれたという事実におどろかれるのではないか。

いずれも国宝級のミイラたちなので、外見では見えない箇所の骨を削り取って分析にかけられたと報告されている。

一つの疑問は、3000年以上も前の遺体から、解析しうるDNAが採取できるのか、というものだろう。実際に、本章で紹介した研究に対しては、「そんなに古いDNAが高温多湿の悪条件下に残っているだろうか？」といった疑問の声も上げられている。

現在の技術をもってすれば、微量のサンプルからDNAを採取することは十分に可能だが、初めて棺を開けたハワード・カーターが1925年に、「湿気で壊れている」と述べたくらい、環境条件が悪かったのも事実である。調査の過程で何人もが直接、ミイラを触ったとの報告もあり、墓掘人や研究者のDNAが混在しているのではないか、という指摘もなされている。

微量のDNAを解析する場合には、DNA量を増幅するPCR法という技術が使われるため、ごくわずかなコンタミネーション（混在物）も大きく増幅されてしまう可能性がある。解析者たちは、「男性のミイラから得られたY染色体は1種類である」「女性のミイラからY染色体を増幅することはなかった」「同一個体のサンプルからは、必ず同じ結果を得ている」などと説明しているが、誤差の少ない最新の次世代シークエンサを使って微量サンプルから配列を直接調べないかぎり、同様の反論は出つづけるだろう。

興味深いのは、「ファラオの正体が判明すると厄介事が起こる」という批判だ。すなわち、必ず「我こそはファラオの子孫である」と名乗る人物が出てきてしまい、混乱が生じる、という言い分である。たしかに、どこの国でもそういうことは起こりそうだ。

みなさんは、保存中のDNAがなんらかの変化を受けないか、気にならないだろうか。私たちの体のなかのDNAは、どこから採っても同じものが得られる。血液中の白血球からでも、ほっぺの内側の皮膚からでも、骨の内部からでも、採取されるDNAはどれもみな同一のものである。

何年も保存しておくと、ところどころが切れてしまい、小さな断片になってしまうが、塩基の配列は変わらないので、ぶつぶつともっと小さく切り離してランダムに配列を決めれば、コンピュータでつなぎ合わせて復元することができる。じつは、現在では、ほぼすべてこの方法でゲノムの全配列が決定されている。

問題は、ゴミの中にある細菌のＤＮＡや、骨を採掘した人のＤＮＡが混在していることで、古生物から採ったＤＮＡの場合には、数パーセント以下が本物で、それ以外は他の生物のＤＮＡが混ざっている、というのが現実だ。そのため、採取したサンプルのクリーニングや解析手法の重要性がつねに指摘されている。

果たして本章で紹介したツタンカーメンらのＤＮＡ解析ではどうだったのか、今後の研究の進展によっては、新たな展開が待ち受けているかもしれない。

しかし、数千年前の歴史に科学が新しい視点を加えられたのはじつに興味深いことではないか。それはひとえに、時を超えてミイラ、すなわちＤＮＡを後世に残したファラオたちのおかげである。永遠の生を求めた「王家の遺伝子」が、文字どおりの遺伝子解析を可能にしてくれているのである。

第5章

「エジプト人」とは何者か？
——DNAが語る人類史

現代のエジプト人はどこから来たのか？　古い人骨に残された
DNAは、人類そのものの来歴を知る生き証人でもある

Jose Fuste Raga ／アフロ

⚜王墓の盗掘者が盗み損ねたものとは?

前章では、ツタンカーメンに代表される古代ファラオたちのDNA解析から見えてきた、古代エジプト王朝の秘められた歴史について紹介した。そこからは、意外な親子関係や予想外の人物の正体など、記録として残された〝正史〟とは異なる、「科学が明かす歴史」の興味深い側面を体感していただけたことと思う。

ところで、ツタンカーメンの王墓を幸福な例外として、他の数多のファラオたちの墓は、歴史的に幾度も盗掘の被害に遭ってきた。第18王朝第3代のファラオであるトトメス1世が「王家の谷」を築いたのも、盗掘から逃れるために、自らの墓の所在を秘匿するのが目的だったことは、第4章で紹介したとおりである。

しかし、繰り返し王墓を掘り返し、さまざまな財宝を盗み出したさしもの盗人たちも、その重要性に気づくことなく、そのまま放置したものがある。

——人骨だ。より正確にいえば、骨から得られたDNAこそ、最も大切なお宝だったといっても過言ではない。盗掘者には、その価値が理解できず、放置したもののなかにこそ、価値ある財宝が眠っていたのである。

エジプトは古来、人類の移動・拡散に関する重要ポイントでありつづけてきた。そのことは、地図を見れば明らかである。

現生人類であるホモ・サピエンスがアフリカを出て他の地域に広がっていったのもエジプト経由だし、その地理的条件から、隣接するヌビアやリビア、アッシリア、さらにはペルシアやアラブ、トルコだけでなく、ギリシアやローマなどの欧州文化も流入している。

エジプトは、「王家の遺伝子」が織りなすファラオの歴史だけでなく、人類史的観点からも、じつに興味深い地域なのである。

"永久死体"に残された重要な情報

図5－1に、エジプトの概略史を示す。

初めてエジプト全土を統一し、第1王朝を築いたファラオは、紀元前3150年頃のナルメル（メネス）王である。第4王朝期には、ギザにある巨大な三大ピラミッドで有名な、クフ王、カフラー王、メンカウラー王が君臨した。紀元前2500年頃のことである。

時代は下り、紀元前1570年からの約250年間が、前章の舞台となった第18王朝である。アブ・シンベル神殿を建てたラメセス2世はその後の第19王朝、第7章で登場するラメセス3世

《図5-1》エジプトの歴史

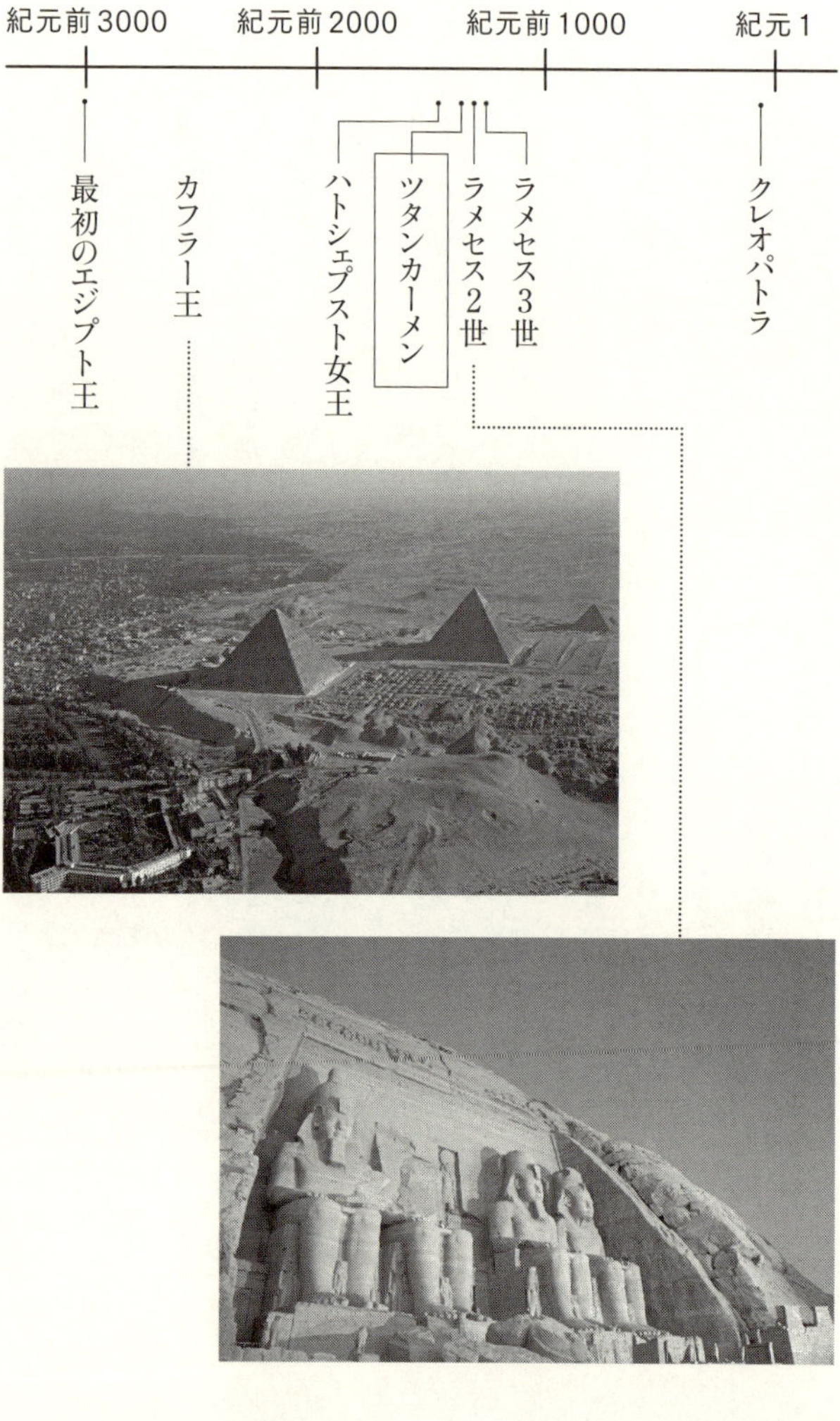

（写真上：Danita Delimont／アフロ　写真下：安部光雄／アフロ）

は第20王朝の王である。

「絶世の美女」と謳われ、古代エジプト最後のファラオとしても知られるクレオパトラ7世（いわゆるクレオパトラ）は、ずっと後の時代のプトレマイオス朝の女王であり、紀元前51～紀元前30年に君臨した。彼女の王墓は、いまもって発見されていない。

ファラオたちが後世にその姿を遺すための〝永久死体〟として作製されたミイラは、じつは紀元後にもつくられており、３０００年以上の時を超えて、人類全体にとってきわめて大切な情報を、現代の私たちにもたらしてくれている。

⚜「エジプト人」の由来

「現在のエジプト人の起源はどこか？」をテーマとする興味深い論文が出版されたので紹介しておこう。

エジプトは歴史上、さまざまな国に征服されてきた過去がある。ひと口に「エジプト人」といっても、ヒッタイトやヌビアをはじめ、ギリシアに端を発するプトレマイオス朝（紀元前３０５～紀元前30）や、イタリアにルーツをもつローマ（紀元前30～紀元３９５）に所属する人たちからの遺伝子が混入している可能性がある。

歴史的文書やレリーフには、それら各国に由来すると思しき名称が残されているが、書かれた文字には信用できないことがある、という冷たい事実を知っておかなければならない。たとえば、かつてはギリシア式、あるいはラテン式の名前がステイタスシンボルであった時代があり、特にそれらにゆかりのないエジプト人もギリシア風、ラテン風の名前をつけたという例が見受けられるからである。

現代のエジプト人はどこから来たのか

そこで、エジプト各所から発掘された90体のミイラ（王ではなく、ふつうの人たちのもの）がもつミトコンドリアＤＮＡを解析したところ、紀元前１３８０〜紀元４２５年に作製されたと目されるミイラは、地中海東岸（現在のイスラエルやヨルダン）に住むレバント人に似ているという結論になった。これらのミイラがつくられた時代には、エジプトとレバントとの交流が盛んであったことを示す証拠と思われる（図５－２上）。

現在のイスラエルとパレスチナの人たちの遺伝子が類似していることも、興味深い事実である。激しい宗教対立を繰り広げている彼らだが、信仰が後天的な学習の結果であることを明確に示す例だろう。

《図5-2》エジプトと周辺国間でのヒトの移動

ミイラがつくられた当時のヒトの移動

奴隷貿易によって西・中央アフリカから遺伝子が流入

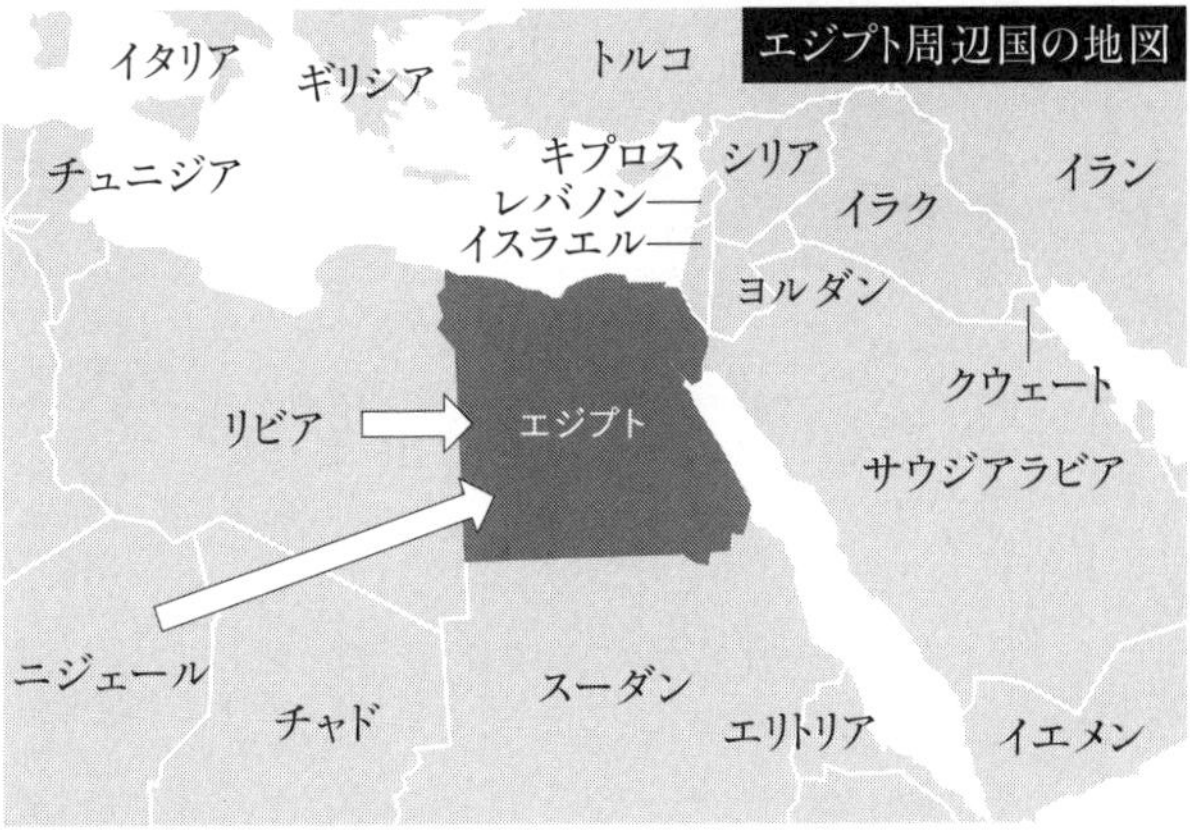

一方、現代のエジプト人の遺伝子には、現在の西・中央アフリカに住む人たちとの共通性が見られた。この結果は、奴隷貿易によって西・中央アフリカから遺伝子が流入したことを示唆している（図5－2下）。

およそ1000年のあいだに、600万〜700万人の奴隷が西・中央アフリカから北アフリカに連れて来られたことが推測されている。この人類の移動には、イスラム教の影響も無視できないものがあるとされる。

⚜DNA解析が明らかにしたマンモス絶滅の理由

人類史だけではなく、動物たちが歩んだ歴史もまた、遺伝子が教えてくれる。

ここでは、毛長マンモスのDNA解析からわかったことと、毛長マンモスを再生しようとする試みを紹介しよう。

毛長マンモスはかつてアジア大陸に生息していたが、1万年前に絶滅してしまった。最後の個体がロシアのウランゲリ島にいたことがわかっているが、絶滅した直接の原因は明らかになっていない。

彼らが絶滅した1万年前は、北極の気温がマイナス50度からマイナス30度へと急上昇したことがわかっており、寒冷な気候に適応していた毛長マンモスが対応できなかったことが大きな要因と考えられる。

現在でも、氷の中に閉じ込められた毛長マンモスが見つかることがあり、そのような個体からDNAが採取された。解析の結果、毛長マンモスは約500万年前にアジアゾウと分岐したことがわかってきた。アフリカゾウと分かれたのは、およそ700万年前とされている。

DNA解析の結果、毛長マンモスでは、熱の感知や毛髪の成長に関係する「熱感受性TRPチャネル（TRPV3）」をコードする遺伝子に変異が見つかった。すなわち、この遺伝子変異によって寒いところでしか生きられなくなり、気温の上昇に適応できずに絶滅したことを示唆する結果であった。

⚜DNAは絶滅した生物を再生できるのか?

最近、この毛長マンモスを蘇らせようという実験が話題になっている。128ページで紹介したゲノム編集とともに、近年の生命科学で多くの話題を提供している「合成生物学」という分野での取り組みである。

合成生物学とは、従来の生物学が個体の研究に始まり、細胞→DNA→遺伝子……のように徐々にミクロなパーツの理解へと「分解」的に進歩してきた流れとは反対に、遺伝子から個体をつくり上げることを探求する学問領域だ。工学において、精密機械を分解して個々の部品を調べるのが従来の生物学だとすれば、個々の部品から製品を組み上げる「リバースエンジニアリング」の考え方に近いといえるかもしれない。

ここで紹介するのは、毛長マンモスに特徴的な遺伝子変異をゲノム編集によってアジアゾウの卵に導入することで、毛長マンモスを再生する、という試みである。もちろん、40ページで紹介したミトコンドリア病の治療法のように、核移植ができればよりかんたんなのだが、氷づけになった毛長マンモスの細胞から移植に耐える細胞核を得ることは難しく、現時点では成功していない。

もし無傷の細胞核が採取できれば、アジアゾウの卵から細胞核を取り除いたあとに核移植をおこなえばいいのだが、現状では難しそうだ。

さて、現在試みられている手法でカギとなるのは、ゲノム編集をおこなう対象の遺伝子である。すなわち、「毛長マンモスに特徴的な遺伝子はどれか、いくつあるか」が重要な問題になる。前項で登場したTRPV3も、その候補の一つであろう。

しかし、いったいいくつの遺伝子を毛長マンモス型にゲノム編集すれば、かつての毛長マンモスを再現できるのかは、現時点の知識でははっきりしていない。そもそも、わずか数個の遺伝子改変で、過去の生物が再生できるのか、という疑問もある。

絶滅動物の再生は興味深いテーマであり、話題性もあることから実際に計画している研究者もいるようだが、たとえ子どもが誕生しても、じつは毛が数本はえたアジアゾウだったという結果になる可能性が高そうだ。

合成生物学は生命科学における流行語になりつつあるが、現時点で合成できるのはゲノム数のごく小さな生物であり、大腸菌ですらいまだ人工合成できる状況にはない。マンモスのような高等動物は、現段階では夢のまた夢というのが実情である。

ヒトゲノムは案外少なかった!

すでに紹介したように、私たちヒトを形づくるすべての遺伝情報は、30億の塩基対ふた組からなるヒトゲノムに書かれている。

30億もの塩基対という数字のイメージから、また進化史的な観点からも、ヒトこそがいちばん複雑なゲノムをもっている、という先入観をもちそうだが、じつはまったくそうではない。

たとえば、両生類のゲノムを見てみよう。カエルはほぼヒトと同じ数だが、イモリは200億

《図5-3》一組のゲノムに含まれる塩基対の数

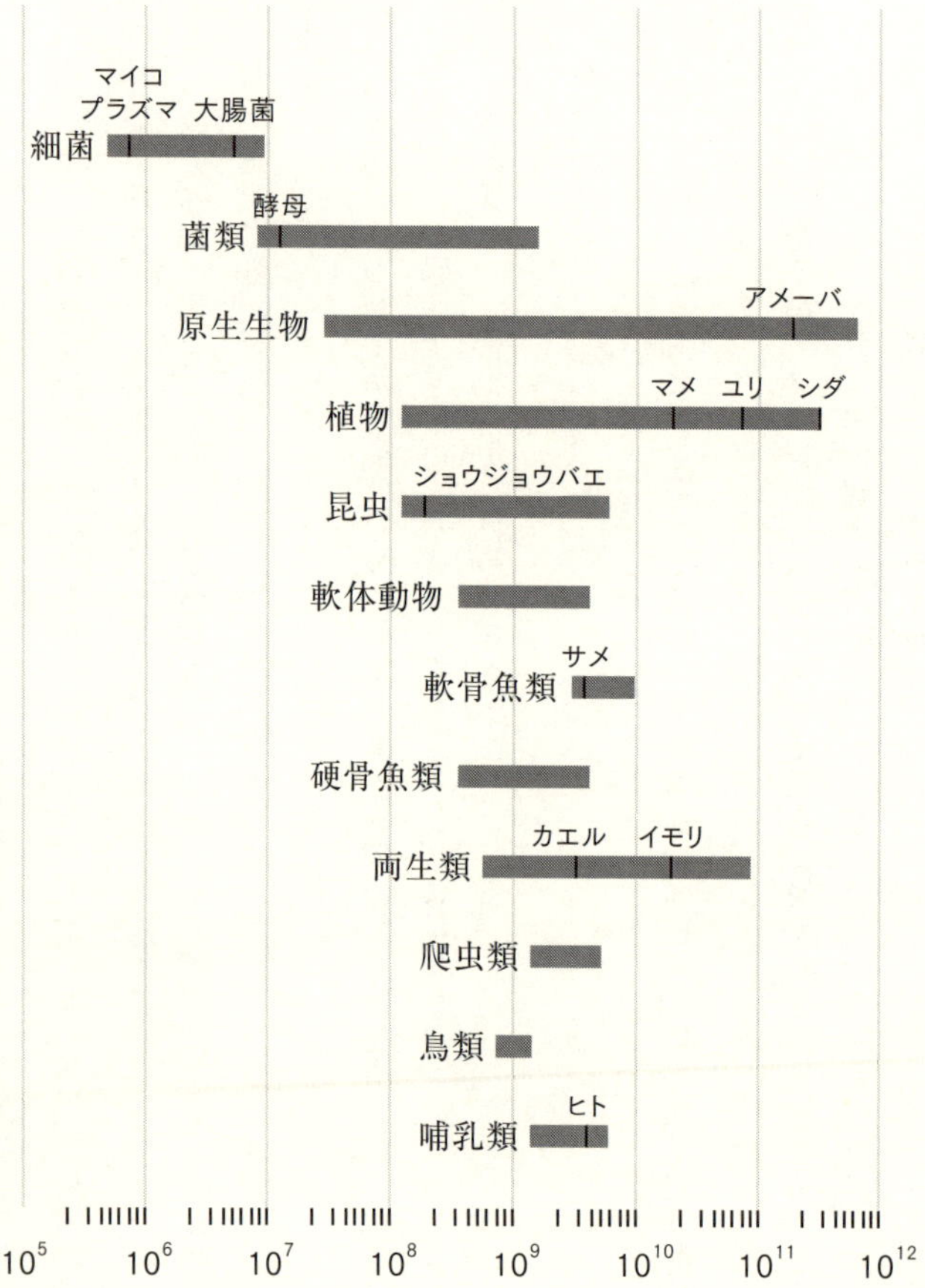

対、植物のシダにいたっては3000億の塩基対からできている。原生生物であるアメーバのゲノムでさえ、2000億を超える塩基対をもっているのだ（図5-3）。

2018年の「ネイチャー」誌による推定では、ヒトのゲノム中でタンパク質をコードしている遺伝子は2万1306個、タンパク質をコードしていない遺伝子は2万1856個で、このあたりが現代の生命科学における共通認識となっている。

かつて、タンパク質をコードする領域（「エキソン」とよぶ）はゲノム全体の2～3パーセントといわれてきた。現在はエキソン以外のところにもRNA（タンパク質はコードしていないが、他の遺伝子のはたらきを調節する長い非コード性RNAなど）をコードする領域があることがわかってきているが、それでも5パーセント以下である。残りは、本書で何度も登場してきたマイクロサテライトなどの繰り返し配列等である。

人類学的なヒトの移動や由来を調べるには、これらの領域のうち、各民族に特異的な塩基配列を調べていくのだが、人類の歴史では交雑がひんぱんにおこなわれているため、DNA解析はなかなか難しい仕事になる。コンピュータを使って多くの遺伝子型のパターンを比較することで、ヒトの来歴を調べる試みがなされている。

⚜日本人はどこから来たのか

どうしても興味があるのは、私たち日本人がどこから来たのか、という問いへの答えである。国立遺伝学研究所教授等を務める遺伝学者・斎藤成也のDNA分析による研究を参考に、以下ご紹介しよう。

まず、第一段階として、4万〜4000年前の旧石器時代から縄文時代にかけて、日本列島にさまざまなルートから人が渡ってきた。この人たちは、現在の東ユーラシアに住んでいる人々とは異なる民族であったと考えられている。どうやら、ヨーロッパと現東ユーラシアの中間あたりの民族だったらしい。北から南から、あるいは朝鮮半島を経由しての流入であった。

第二段階として、4000〜3000年前に朝鮮半島から別の民族（遼東半島、山東半島、朝鮮半島にいた人たち）が渡ってきた。この人たちと第一段階で渡ってきた人たちとの混血は、西日本だけで起こったようだ（琉球を除く）。

第三段階は3000年前から現在にいたるまでで、朝鮮半島から稲作農民が渡ってきたのが中心である。この人たちは、現在の東アジア人とほとんど同じ遺伝子をもつ人々であり、しだいに先住民との混血を繰り返しながら、現在の日本人を形成してきたと見られている。

現在でも、アイヌの人々や琉球列島の人々の遺伝子には縄文人の遺伝子が色濃く残っており、独自の由来を想像させるものがある。特に、アイヌ人にはシベリア南東部にいたオホーツク文化人の遺伝子が寄与していると考えられている。

＊

本章では、「王家の遺伝子」に代表される個々の家系の遺伝子解析から視点を拡張して、より大きな集団規模においてDNAがもたらしてくれる情報について概観してきた。かつては遺骨、あるいは化石の調査しかたどるすべのなかった人類学や古生物学の領域も、DNA解析によって新たな局面を迎えつつあることを感じとっていただければ幸いである。

つづく第6章では、ふたたび英国王室にテーマを戻し、ある有名な国王にまつわる謎解きを紹介することにしよう。DNAが明らかにしたある意外な事実とは何だったのか？

第6章

ジョージ3世が患っていた病

——歴史は科学で塗り替えられる

度重なる謎の発作で知られたジョージ3世。
彼を悩ませていたのは……？

アフロ

⚜偉大な国王の謎に満ちた生涯

本書の主役の一人であるリチャード3世の死からおよそ250年後、やがてそれ以前のどの国王よりも長い治世を送ることになるジョージ3世（1738〜1820年）が誕生した。

1714年に、ドイツ北部のハノーヴァー家からジョージ1世を招いたことで樹立したハノーヴァー朝の第3代国王で、神聖ローマ帝国の選帝侯の一人でもあった。ナポレオン軍の進攻をトラファルガー海戦で防いだ一方、アメリカ独立戦争に敗れて北米の植民地を多数失うなど、60年におよぶ長い統治期間にさまざまなエピソードを残した人物として知られている。

なかでも有名なのが、たびたび起こしたという〝謎の発作〟である。繰り返し発症し、しばしば錯乱状態に陥《おちい》ったことから、治世末期には皇太子であった次王ジョージ4世が摂政として補佐したという歴史も伝わっている。

このジョージ3世の〝謎の発作〟は、長く精神疾患のためと考えられてきた。ところがその後、じつは精神疾患ではなく、ある代謝性遺伝疾患が原因であると報告され、注目を集めることとなった。

この章では、英国王室に伝わるという遺伝性疾患についてお話ししよう。

⚜繰り返し現れた重い症状

ジョージ3世が示した症状には、しわがれ声、急性の腹痛、四肢の痛み、歩行困難、頻脈、不眠、そして変色した屎尿などがあった。これらの症状は、図6-1に示すように英国王室に代々伝わっており、●は尿の色の変化を認めたもの、■は複数の症状を呈した人を示している。

図からわかるとおり、症状は現在の英国王室の親族にまで伝わっており、ジョージ3世の息子で、父と同じ症状に悩まされたケント公エドワードから現女王であるエリザベス2世まで連なった家系であることがわかる。エリザベス2世には症状は出ていないが、いとこであるグロウスター公ウィリアムにはジョージ3世と同じ症状があった。また、ビクトリア女王の孫娘であるシャルロッテにも病気が伝わっていた。

興味深いことに、これらの症状が繰り返し何度も現れたという記録が残っているのはジョージ3世であり、そのことが〝Mad King George〟という異名でよばれることにつながった。なかでも50歳だった１７８８年10月から１７８９年2月にかけての症状が重く、先にも記したように皇太子の補佐を必要とする「摂政危機」とよばれる事態を招いている。

ジョージ3世の症状が際立って重篤なものだった理由として、遺伝性疾患に加え、他のなんら

《図6-1》英国王室のポルフィリン症

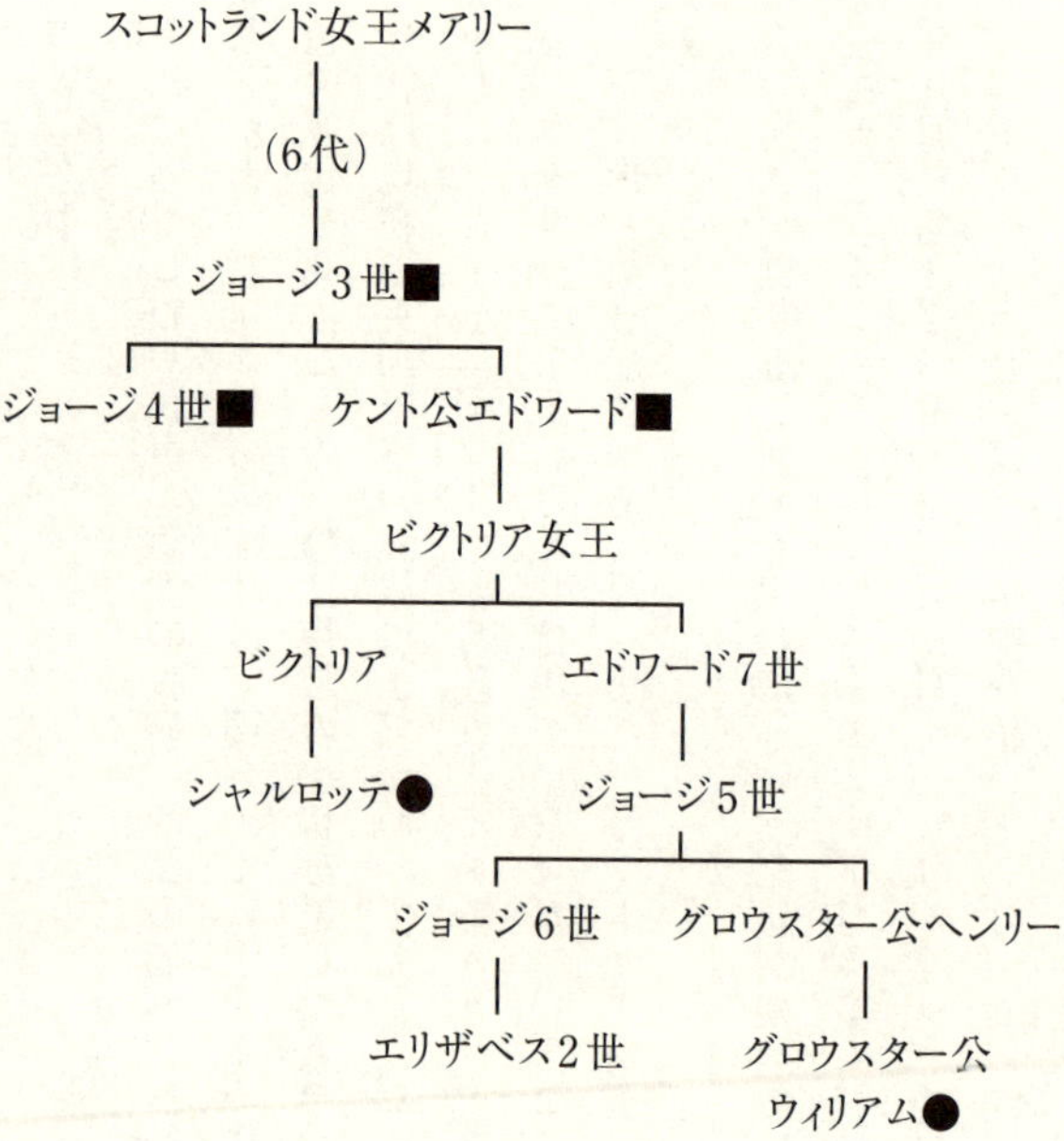

かの環境要因の存在も疑われた。

⚜英国王室に伝わる遺伝性疾患の正体――ヘモグロビンに起こった異常

ジョージ3世をはじめ、図6－1に示された英国王室の人たちが患ってきた病気は、「ポルフィリン症」とよばれている。この遺伝性疾患は、血液中で酸素を運搬するタンパク質であるヘモグロビンの材料となる「ヘム」が、うまくつくられない病気である。

ヘモグロビンは、グロビンというタンパク質に鉄を含んだヘムという色素が結合したものだ。酸素と結合したヘモグロビンは真っ赤で、鮮血が飛び出るときの動脈血の色はこれである。一方、腕の静脈から採血される場合の色はどす黒く、こちらは酸素と結合していない静脈血の色を示している。

ヘムの合成経路を図6－2に示そう。

はじまりは、グリシンとスクシニルCoAという比較的かんたんな化合物で、ここから10段階近くの反応を経てヘムが合成される。その各段階に異常が生じることで、さまざまな病気が発症する。

記録に残る症状から、ジョージ3世の〝謎の発作〟の原因は、反応経路の最終段階に近いプロ

《図6-2》ヘムの合成経路と、その異常によるポルフィリン症

グリシン** +スクシニルCoA**

↓

5-アミノレブリン酸(5-ALA)***

↓

ポルホビリノーゲン*

↓ 急性間欠性ポルフィリン症

ヒドロキシメチルビラン*

↓ 先天性造血性ポルフィリン症

ウロポルフィリノーゲンⅢ*

↓ 晩発性皮膚ポルフィリン症

コプロポルフィリノーゲンⅢ***

↓ 遺伝性コプロポルフィリン症

プロトポルフィリノーゲンⅨ**

↓ 異型ポルフィリン症

プロトポルフィリンⅨ***

↓ 造血性プロトポルフィリン症

ヘム***

* 細胞質に局在　** ミトコンドリアに局在　*** 細胞質とミトコンドリアに局在

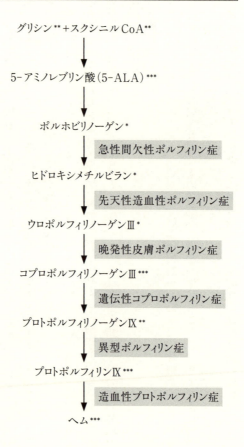

トポルフィリノーゲンⅨからプロトポルフィリンⅨにいたる経路がはたらかなくなったことによるものと推測された。この反応を触媒するプロトポルフィリノーゲンオキシダーゼの欠損を原因とする「異型ポルフィリン症」と診断されている。

ヘムの合成はいくつもの段階に分かれた酵素反応によっておこなわれるので、各酵素の遺伝子に欠陥があると、いずれもヘムがつくられないことになる。図6‐2にはさまざまな病気の名前が記されているが、それらの症状は互いによく似ている。

たとえば、ポルホビリノーゲンからヒドロキシメチルビランを合成する酵素に異常が起こると、5アミノレブリン酸やポルホビリノーゲンが過剰につくられ、腹痛と精神神経症状がひんぱんに起こる「急性間欠性ポルフィリン症」になる。この病気をもつ患者が光に当たるとかゆみから火ぶくれができ（光過敏性）、尿を光や空気にさらすと黒くなる。

また、ヒドロキシメチルビランからウロポルフィリノーゲンⅢを合成するコシンターゼが不足すると、尿に大量のウロポルフィリンⅠが出て赤色になる。「先天性造血性ポルフィリン症」とよばれる病気である。

⚜「代謝」とはなにか――意外に複雑なそのしくみ

図6‐2を見ると、なんと複雑な反応によってヘムがつくられているのだろうとおどろくかもしれない。これほど複雑な反応の連続であれば、どこかに異常が生じるのもふしぎではない、と感じた人も少なくないだろう。

私たちの体のなかでは、ヘムの合成を含むさまざまな化学反応がおこなわれており、これを「代謝」という。じつは、多くの代謝は図6‐2のような複雑な連続反応であり、それによって各種の物質がつくられている。決してヘムの合成だけが、特別に複雑なわけではないのである。

代謝の概念をかんたんに表すと、図6‐3のようになる。ここでは、タンパク質の合成・分解についてみてみよう。

私たちの体を構成するタンパク質は日々、合成と分解を繰り返しているが、それがどれくらいのスピードかご存じだろうか。成人の身体は7～10キログラムのタンパク質からできていて、このうちの180グラムほどが毎日リサイクルされている。一日のうち、外部から取り込むタンパク質は70グラムほどだが、等量の70グラムが排泄されている。

すなわち、食べたものがそのまま体をつくるタンパク質になるのではなく、体内で合成されて

《図6-3》タンパク質の代謝

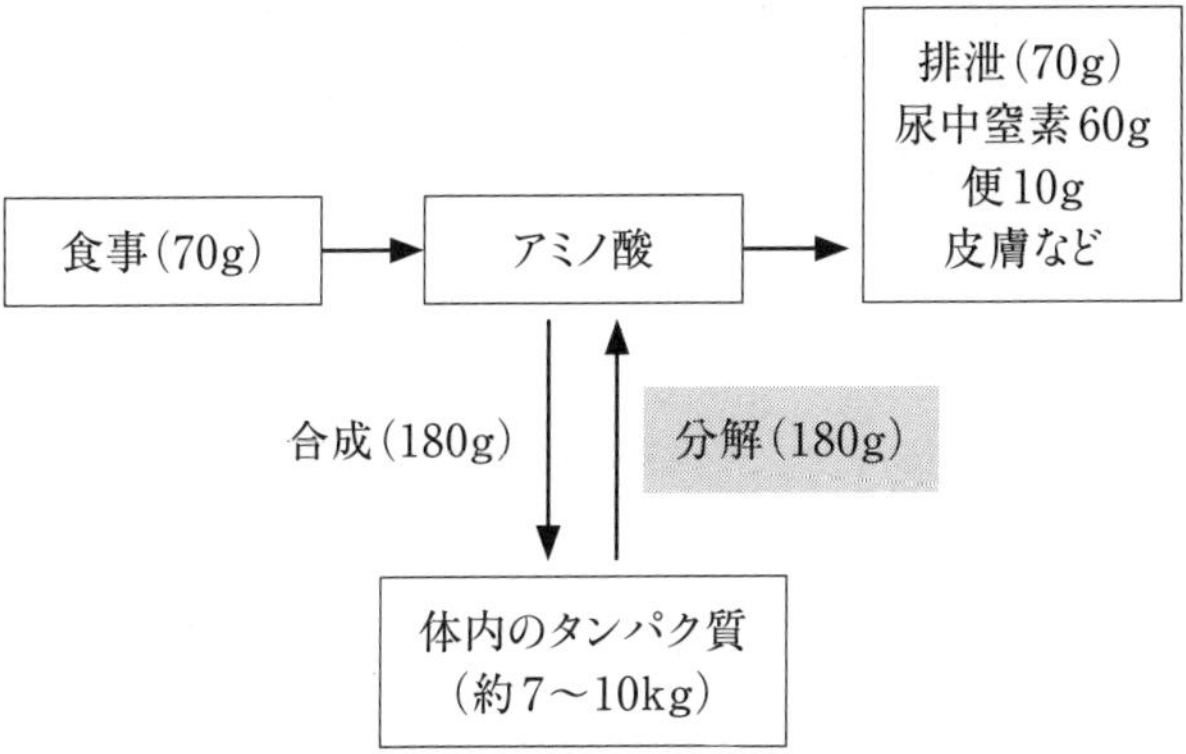

いる割合のほうが多いのである。この、体内における分解量である180グラムの多くが、「オートファジー」によっておこなわれている。オートファジーとは、細胞内でタンパク質を分解することで再利用を可能にするしくみの一つで、「自食」ともよばれる。そのメカニズムを解明した功績によって、大隅良典が2016年のノーベル生理学・医学賞を受賞したのは記憶に新しいところだ。

〝謎の発作〟の原因はどこにあったか

ジョージ3世の話に戻ろう。

彼がほんとうにポルフィリン症だったのかを確認するには、DNA鑑定をおこなえばいいのだが、残念ながらジョージ3世の遺骨からのDNA抽出は認められていない。ところが、英国の科学技術館に毛髪が残されていたのである！

その髪の毛からのDNA抽出は成功しなかったが、慎重にアルコール洗浄して表面の汚れを落とし、質量分析器を用いて内部に含まれる金属イオンの分析をおこなったところ、ある意外な物質が見つかった。

ジョージ3世の髪の毛からは、異常な濃度のヒ素が検出されたのである。

対照として用いられたボランティアの毛髪のヒ素濃度は、0・7ppm以下だったが、ジョージ3世の髪からはその24倍となる17ppmが検出された。毛髪のヒ素濃度が1ppmを超えるとヒ素中毒と判定されるので、これはかなりの量である。

また、水銀の濃度も2・5ppmと対照の0・95ppmより多く、0・2ppm以下が正常とされる鉛にいたっては6・5ppmと、これも異常な高値であった。

これらのデータは、ジョージ3世が誰かに毒殺されたことを示唆しているのだろうか。頭皮の治療という名目で、洗髪中に誰かがヒ素を練り込んだということが考えられるだろうか。

もしヒ素が、外部から髪の毛だけに直接与えられたのなら、髪の毛全体を調べることで毛髪のどこかに重金属のピークが現れるはずである。反対に、微量のヒ素を経口で摂取したのなら、じわじわと髪の毛に蓄積されるため、毛根から毛先まで均等に含まれるはずである。

いったいどちらだったのか？

2マイクロメートル間隔に切断され、質量分析器で解析されたジョージ3世の髪の毛には、均一に重金属が分布していた。当時、ヒ素は防虫剤として使われていたので、これを長期間摂取することはありえない。どうすれば、このような結果につながるだろう？

私たちにとって幸運なことに、1788年11月29日、王の発作時にそばにいた侍医によって、

「酒石を2粒（120ミリグラム）、6時間ごとに服用した」という記録が残されている。酒石は、この時代に流行した解熱剤であり、吐剤としても使用された。また当時、ヒ素は梅毒や皮膚病の治療にも使われていたので、こちらが由来である可能性もある。

ジョージ3世は、繰り返し投与された酒石に混入していたヒ素による中毒症状を起こし、これがポルフィリン症の症状を悪化させていたらしいと結論づけられた。ヒ素には多くの酵素の活性を奪うはたらきがあり、これが図6－2に示された代謝経路のさまざまな箇所に影響をおよぼしたと考えられたのである。

ジョージ3世の〝謎の発作〟は結局、じつは、病気を治そうとして投与された治療薬の中にヒ素が混入していたことが原因であった。ヘムを代謝する酵素に害をもたらしたために、ポルフィリン症がひどくなり、ひんぱんに発作が起こったらしいことが推測された。

この例に見られるように、ヒ素や水銀、鉛などの重金属は、遺伝的に感受性のある人（遺伝性疾患の保因者）に発作を誘発することがある。ジョージ3世は、治療薬によって遺伝性疾患が悪化した例とされた。

⚜ポルフィリン症原因説に対する反論

ところが、話はもう一転する。

ある歴史学者が、ジョージ3世の症状を現在の精神医学の診断基準にあてはめると、気分障害(双極性障害)に該当するのではないか、と主張したのだ。たとえば、1765年には潜伏性のうつ病が、1788年には躁病と錯乱が生じたなどと、具体的な時期と症状の関連性を指摘したのである。1801年と1804年には双極性障害の再発があり、1810年以降は慢性の錯乱と認知症が進行していたなどと解釈できるのだという。

この主張が正しいのかどうか、正確に判定するにはDNA解析の結果を待たねばならないが、言い伝えられている症状のみから事実を導き出そうという歴史学者の執念にはおどろかざるをえない。

第7章

ラメセス3世殺人事件

――DNAによる親子鑑定の可能性とその限界

ラメセス3世のミイラは、首に幾重にも巻かれた特徴的な布で知られる。
それはなぜ、巻かれていたのか……？

DeA Picture Library／アフロ

⚜予想もしなかった「親子」鑑定

本書ではこれまで、ツタンカーメンをはじめとするいくつかの親子関係のDNAによる鑑定例を紹介してきた。現実の社会においては、DNA鑑定はどのような場面で利用されているのだろうか。

あるユダヤ人夫婦、ジョンとサラの例を紹介しよう。二人は最初の子を産んだが、そのようすがおかしいことから病院を訪問した。ユダヤ人に多いテイ＝サックス病の診断のためである。この遺伝性疾患では、子どもは早期に死んでしまうことが多い。確認のため、夫婦と子ども計3人の血液を採取し、遺伝子診断をおこなった。

診断の結果、その子どもは「ジョンの子ではない」という事実が判明した。遺伝子診断によって病気の有無ももちろんわかるが、DNAの解析が、当人たちにとって知りたくない事実をも明らかにしてしまうという例であった。

このようなことが起こった場合、病院のカウンセラーは当該の夫婦に「病気以外の事実を伝えるべきか否か」という点が議論になった。「病気の有無を聞かれたのだから、それについてのみ答えればよい」とする意見がある一方、「第2子のことを含む、一家の将来のこともあるので、父親が違うことも伝えなければいけないのではないか」という意見も出された。

この問題は裁判に発展し、最初の判決は「母親であるサラだけに伝える」というものであった。しかし、このような例がつづいたことで、「正しいことを教えなかった」と病院を訴える者が続出し、最終的には「すべてを伝える」という現在の方式にあらためられた経緯がある。

したがって現在の遺伝子検査表には、「自分の意思にかかわらず、父子・母子関係が明らかになることがある」と注記がなされており、承諾した者だけに遺伝子検査がおこなわれるようになっている。

遺伝子検査は信頼できるか——アンジェリーナ・ジョリーの場合

現在、遺伝子検査が民間に委託され、多くの企業が参入しているが、じつはあやしいものが少なくないことを知っておいていただきたい。

肥満や薄毛の遺伝子検査などがその典型例で、そのほかにも、祖先のルーツや足の速さ、記憶力から視力、失敗からの学習能力まで、思わず笑ってしまうようなものも多い。

そこで謳われているような当該の遺伝子については、一度は論文が出されたものの別の研究者による追試に失敗したものがほとんどで、検査会社の説明等では最初の論文しか引用していないものが多い。それにもかかわらず、「論文で実証された」と書いてあるものも散見されるので注意が必要だ。

なかでも、性格や才能に関するものについては、〝遺伝子占い〟と同じ、という感覚でとらえるのが正しい。芸術や学問など、なんらかの才能や運動機能がたった一つの遺伝子で決まっていると考えるのは誤りである。

「DNAでわかること」に関しては、本書で実例を紹介してきた「遺伝性疾患」と「親子関係の鑑定」を除けば、その信頼性が薄いことははっきりしている。

ところが、事情の異なる例も存在する。

ハリウッドを代表する女優、アンジェリーナ・ジョリーが受けた「BRCA1」という遺伝子の検査がそれだ。BRCA1は、もう一つの遺伝子である「BRCA2」とともに、高確率で乳がんや卵巣がんに関係する遺伝子として検査がおこなわれており、その結果によっては、乳房切除や卵巣摘出などの手術を受けることを選択する人もいる。

⚜隔世遺伝はなぜ起こるか?

問題はここからで、BRCA1の変異は、大きな遺伝子のなかに散らばって存在しており、ど

《図7-1》劣性（潜性）遺伝のしくみ

両親は正常だが、子どもが病気になる。
ほとんどの新生児難病がこの例

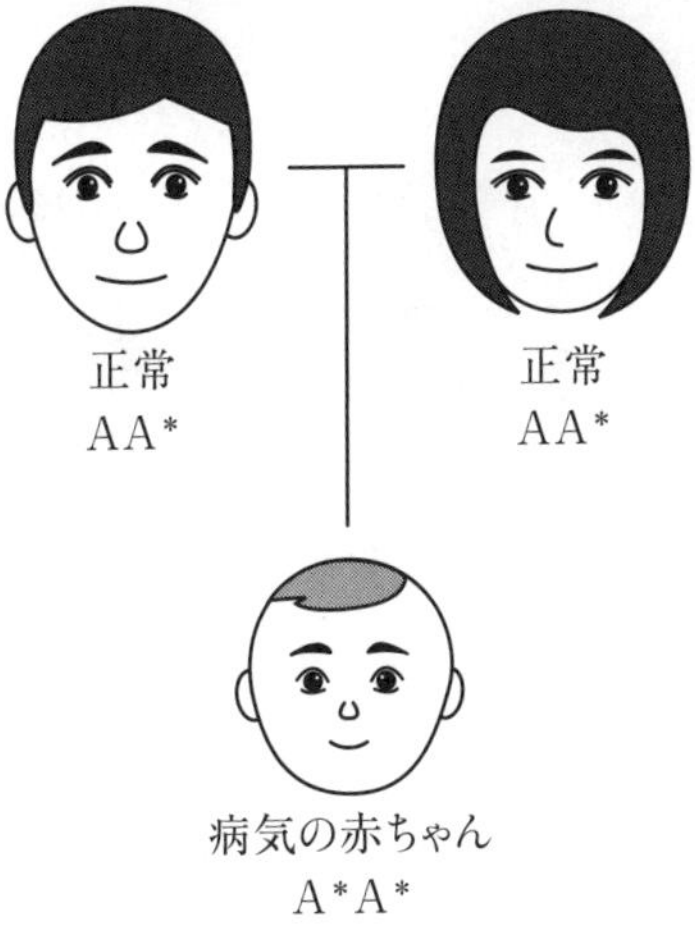

《図7-2》隔世遺伝のしくみ

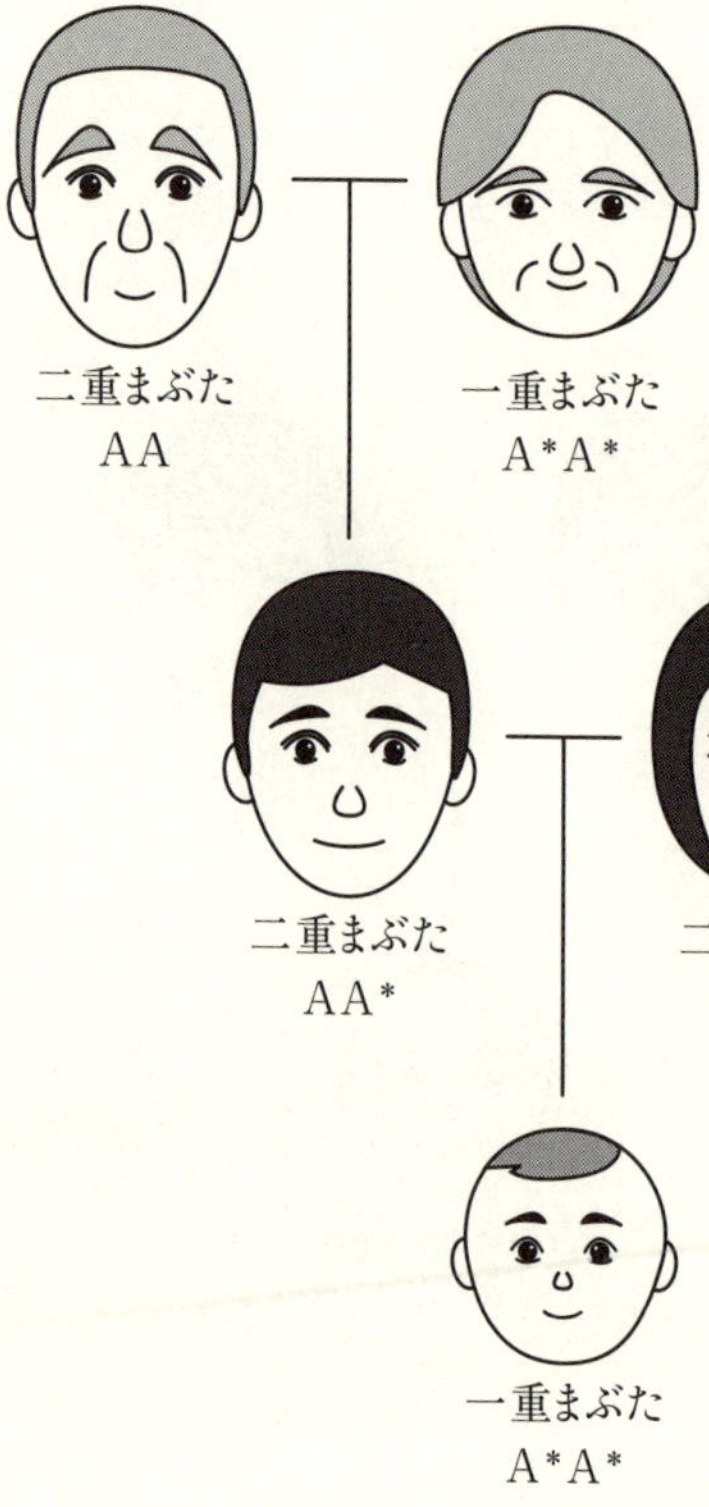

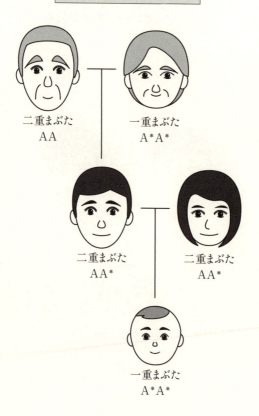

の変異をもつかによって症状や予後が異なるのである。家系に乳がんや卵巣がんの患者をもつ人が検査を受け、得られたデータを総合して手術を受けるかどうかを決めるわけだが、「まだがんが発生していない」時点での手術には、勇気と医師への信頼が必要になる。一見、正常の状態にある体にメスを入れるのは、医療の本質ではないからだ。

変異遺伝子をもっていても、発病しない場合がある。90ページで紹介した劣性（潜性）遺伝だ。典型的なのは新生児の難病で、先ほどのテイ＝サックス病がそれにあたる。劣性遺伝はどのようなしくみで起こるのか？

このような病気の両親は、一見正常である（図7－1）。劣性遺伝が起こるのは、両親がともにヘテロ接合体をもっているからで、正常遺伝子をA、異常遺伝子をA*とすると、両親がともにAA*で、子どもがA*A*となる場合である。

また、図7－2に示すように、祖母と子どもなど、一世代離れて同じ形質が現れることがあり、これを「隔世遺伝」という。一重まぶたなどがその典型例だが、隔世遺伝も劣性遺伝の一種であり、そのメカニズムは図のようにかんたんに説明できる。

⚜ラメセス3世殺人事件？

DNAによる親子鑑定が、歴史を書き換えた事件について紹介しよう。舞台はふたたび古代エジプトだ。

3000年以上にわたった長い古代エジプト史においては、殺された王も存在する。たとえば、クーデターによって王位を簒奪し、第12王朝を樹立したアメンエムハト1世は、臣下によって暗殺された。

第20王朝のラメセス3世は、権勢を誇った第19王朝のラメセス2世にあやかって、これに次ぐ「3世」を名乗ったといわれているが、実の親子ではない。このラメセス3世にも、王妃と息子によって暗殺されかけたという逸話が残っているのである。

ラメセス3世のミイラは、いかにも意志の強そうな頑固オヤジ風の顔立ちをいまに伝えている。首には何重にも布が巻いてあるのが特徴だ。彼は多くの王妃と息子をもっていたが、跡継ぎは決めていなかった。

ラメセス3世暗殺事件とは、下位の王妃ティィ（第4章で登場したツタンカーメンの祖母ティイとは別人。こちらは「Tjye」ではなく、「Tiy」と綴る）とその息子ペンタウレが起こした事件である。ツリンの裁判を記録したパピルスに書かれたところによれば、紀元前1155年に王宮で起こされた出来事とされ、ペンタウレ王子が王を襲ったと見られている。記録では王位転覆の企ては失敗し、「4回の裁判ののちに刑が下された」とある。暗殺が成功したのかどうかについては、書かれていない。

「偉大な神」ラメセス3世は、裁判中あるいはその前に死亡したという。パピルスには、王が直接、罰を決定したとあるので、襲撃の後、いくらかの期間は生存していたらしい、と考えられていた。ペンタウレ王子がどうなったか、またティイ王妃の処遇についても、なんの記述も残されていない。

⚜放置されていたミイラの謎

ところが、ラメセス3世の王墓から、不浄とされていた山羊の皮で覆われた未知の男性Eのミイラが放置された状態で見つかったのだ。

18〜20歳と考えられるEのミイラは、通常のミイラ作製プロセスを経ずに置かれていることに特徴があった。ふつうはおこなわれるはずの脳や内臓を取り出すことなく、そのまま保存されていたのである。毒殺されたのか、それとも生きたまま葬られたのか、詳細は不明の状態だった。

DYS 391	DYS 393	DYS 385a,b	DYS 19	DYS 458	DYS 389Ⅱ	DYS 390	DYS 389Ⅰ	DYS 456
8	8	20	19	−	33	21	13	13
8	8	20	19	−	33	21	13	13

D16S539	D18S51	CSF1PO	FGA
8*;11	8;12*	7*;10*	24*;34.2
8*;12	12*;26	7*;10*	24*;26

ラメセス3世のミイラをCTスキャンにかけた結果、おどろくべき事実が明らかになった。

襲われたラメセス3世ののどの傷痕は7センチメートルもの長さであり、骨まで達していた。気管は切断され、3センチメートルも離れていた。首に巻いてある布は、この痛ましい傷を隠すためのものだったのだ。この傷を見るかぎり、ラメセス3世は即死だったと推測される。

傷の奥には、直径1・5センチメートルの石（ホルスの目）が埋め込まれていた。ホルスの目は、王家の力を示すものである。

ラメセス3世と未知の男性Eのミイラから採取したY染色体の遺伝子解析の結果を表7-1に示す。もし男性Eがラメセス3世の息子なら、Y染色体のマイクロサテライト多型が一致するはずである。

《表7−1》ラメセス3世とEのY染色体のデータ

人名	DYS 448	DYS 438	DYS 437	YGATAH4	DYS 392	DYS 635	DYS 439
ラメセス3世	20	10	14	13	17	−	−
E	20	10	14	13	17	−	−

《表7−2》ラメセス3世とEの常染色体のデータ

人名	D13S317	D7S820	DS1338	D21S11
ラメセス3世	9*;12	6*;15	15;28*	28;35*
E	9*;13	6*;13	19;28*	29.2;35*

じつに13種類のマイクロサテライト多型が完全に一致し、Eはラメセス3世と同じY染色体をもつことが明らかになった。常染色体の8つのマイクロサテライトを見ても、Eはラメセス3世のどちらか一方のマイクロサテライトを受け継いでおり、Eがラメセス3世の息子であるという仮説を支持する結果であった（表7－2）。

公開された映像

2018年の初頭に、さらにおどろくべき発表がおこなわれた。

Eの映像が公開されたのである。なんと、Eは口をあけて、いまにも叫び出しそうな表情で息絶えていたのである。首には、数本のしわが認められた。これが、首を絞められた痕ではないかとする見立てもある。

以上の事実は、Eがペンタウレ王子であるという魅力的な仮説を提示しているように見える。

暗殺者ではあるものの、「実の息子なのだから」と同じ墓に埋葬されたのか。とはいえ、罪を考えれば正式にミイラにすることはできないために、簡易的にミイラ化をおこない、山羊の皮にくるんで床に置いたのではないか——歴史のミステリーを楽しむ立場からは、こう考えたくもなるだろう。

しかし、その事実を知ることはできない。DNA解析の結果から、Eがラメセス3世の息子であることは間違いないが、彼がペンタウレ王子かどうかは判断できない、というのが科学的に正しい言い方である。前述のとおり、ラメセス3世にはたくさんの子どもたちがいたからだ。

DNA鑑定の力強さと限界がここにある。今後の探求は、歴史学によるさらなる時代背景の解明と、新たなミイラが発見された際の遺伝学のサポートによってなされていくのだろう。

いまは、ラメセス3世の息子であることだけは確実なEの正体をさまざまに想像しつつ、ペンタウレ王子と王妃ティイの行方に思いを馳せるロマンに酔いしれてはいかがだろうか。

第8章

トーマス・ジェファーソンの子どもたち

――DNAだけがすべてか？

DNA鑑定が子孫に思わぬ混乱をもたらしたトーマス・ジェファーソン。
米国第3代大統領には思いも寄らない出来事だっただろう

GRANGER.COM／アフロ

第3代大統領の親族たち

英国から独立を果たしたアメリカには、当然ながら「王家」は存在しない。

しかし、歴史が浅いことがそうさせるのか、アメリカ人には、自らの来歴をとりわけ大切にするような風潮があるようだ。

アメリカ合衆国第3代大統領であるトーマス・ジェファーソンの子孫に起こった親子鑑定騒動は、その意味では象徴的な出来事であった。

トーマス・ジェファーソンは当時、住んでいたバージニア州シャーロッツビルにある邸宅モンティチェロに多くの奴隷を抱えていた。その中の一人であるサリー・ヘミングスとのあいだに子どもを儲《もう》けていたのではないか、という疑惑があることが、ことの発端である。

ジェファーソンは、妻マーサ（マーサ・ウェイルズ・スケルトン・ジェファーソン）とのあいだに6人の子どもをもっていた。マーサが亡くなったあとは、長女のマーサ・ワシントン・ジェファーソン（マーサ・ジェファーソン・ランドルフ）がファーストレディとしてはたらいた。

一方、一家の面倒は、妻マーサの異母姉妹にあたる奴隷のサリー・ヘミングス（外見上は、ほぼ白人だったという）が見ていたという。サリー・ヘミングスは、計7人の子どもを産んだが、

《図8-1》サリー・ヘミングスの子どもたち

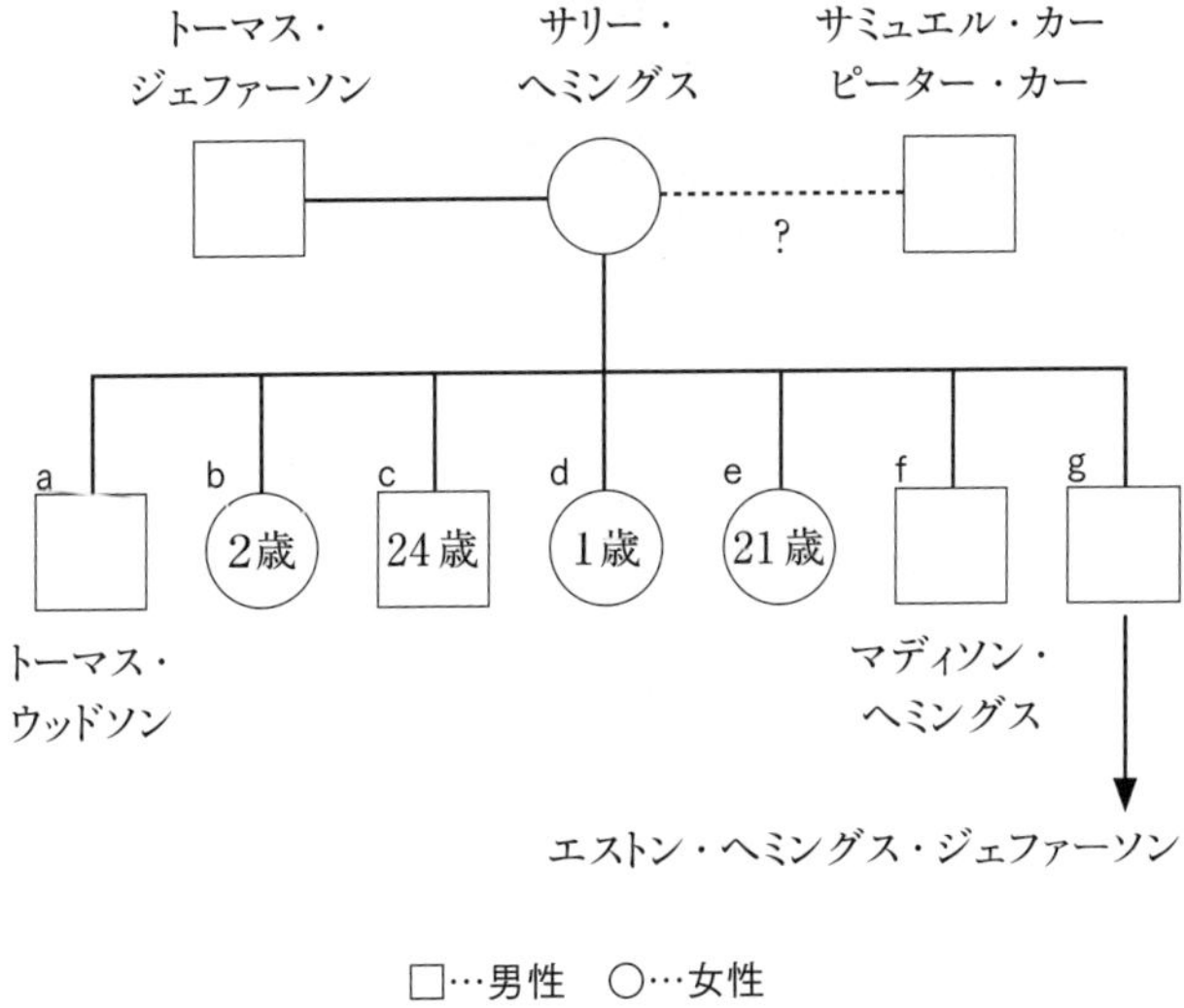

そのすべて、または一部の父親がトーマス・ジェファーソンではないかと疑われたのである。図8-1に、サリー・ヘミングスの生んだ子どもたちを示す。

7人のうち5人は成人した。そのなかで、「c」の男性と「e」の女性はそれぞれ白人と結婚し、以後、白人社会に入ったとされている。

ここで話題になるのは、「a」で示す長男トーマス・ウッドソンと「f」で示すマディソン・ヘミングス、そして「g」のエストン・ヘミングス・ジェファーソンである。

トーマス・ウッドソンは、その子孫が約100年後に「自分はトーマス・ジェファーソンの子孫である」と主張しはじめ、現在にいたっている。マディソン・ヘミングスの子孫はずっとオハイオ州に住んでおり、アフリカ系アメリカ人として黒人社会に入った。マディソンの子孫にはたくさんの男性がいたが、白人社会に入った多くは行方がわからなくなっている。

エストン・ヘミングス・ジェファーソンの子孫はウィスコンシン州中南部にあるマディソンに移り、白人社会に同化した。エストンは特に、その外見がトーマス・ジェファーソンに似ていたという。

❦DNA解析がおこなわれたジェファーソン一族

この物語には、他にも多くの人物が登場する。

図8－1の右上部に名前があるサミュエル・カーとピーター・カーは、ジェファーソンの妹マーサ（マーサ・ジェファーソン・カー）の息子たちである（図8－2ⓑ参照）。このマーサはダブニー・カーと結婚し、息子たちを産んだ。息子たちがひんぱんにジェファーソンのプランテーションを訪ねたことについては、多くの証拠が残っている。

ダブニーの父の名は、ジョン・カーという。トーマス・ジェファーソンの長女マーサ（マーサ・ワシントン・ジェファーソン）の子孫によれば、「サリー・ヘミングスの最後の息子たち、マディソンとエストンは、サミュエルかピーターの子」ということである。

のちに遺伝子解析がおこなわれるのだが、トーマス・ジェファーソンには男の子孫がいなかったため、彼の父、ピーター・ジェファーソンの兄弟であるフィールド（トーマスのおじ）の男系子孫5人から遺伝子が採取された（図8－2ⓐ）。

⚜Y染色体の解析結果は？

男系の解析では、前述のとおり、Y染色体のマイクロサテライトを調べるのが常套手段である。表8－1に、その結果を示す。

□…男性　○…女性

ⓑ

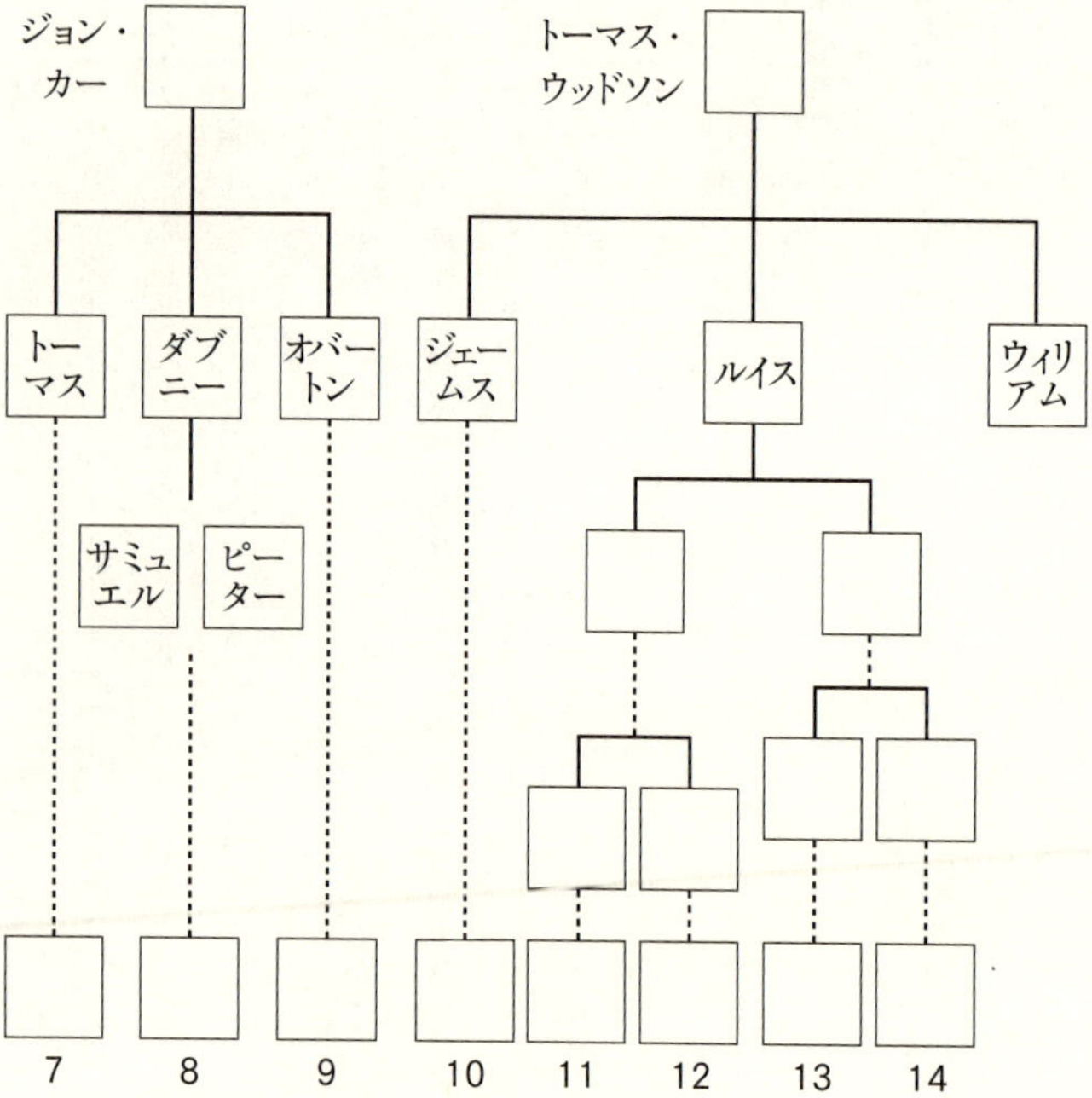
ジョン・
カー
トーマス・
ウッドソン
トー
マス
ダブ
ニー
オバー
トン
ジェー
ムス
ルイス
ウィリ
アム
サミュ
エル
ピー
ター
7
8
9
10
11
12
13
14

《図8-2》
DNA解析がおこなわれたジェファーソン一族の人物相関図

ⓐ

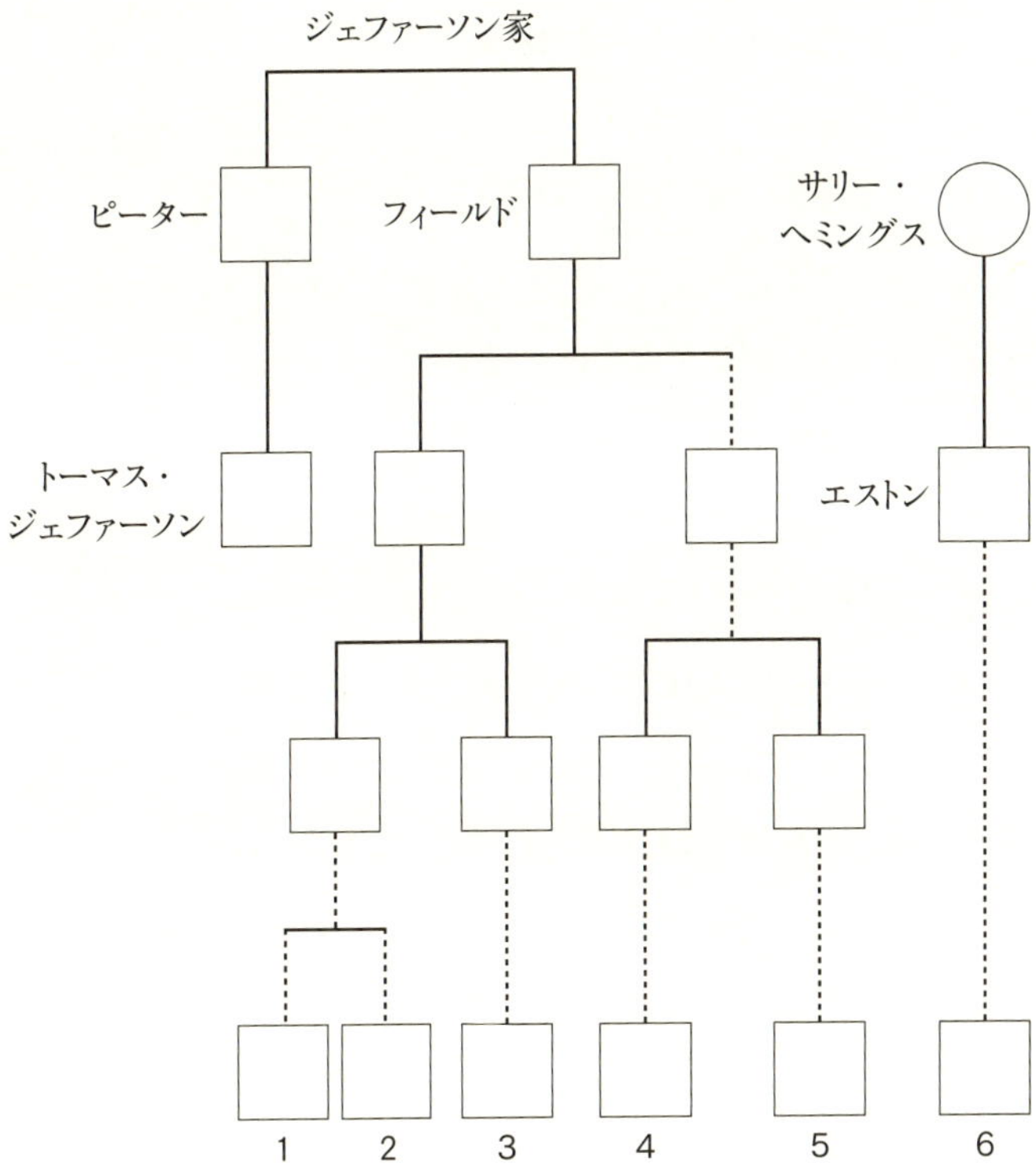

《表8-1》マイクロサテライト多型

人	マイクロサテライトSTRs	ミニサテライトMSY1
1	15.12.4.11.3.9.11.10.**16**.13.7	3.5.1.14.3.32.4.16
2	15.12.4.11.3.9.11.10.15.13.7	3.5.1.14.3.32.4.16
3	15.12.4.11.3.9.11.10.15.13.7	3.5.1.14.3.32.4.16
4	15.12.4.11.3.9.11.10.15.13.7	3.5.1.14.3.32.4.16
5	15.12.4.11.3.9.11.10.15.13.7	3.5.1.14.3.32.4.16
6	15.12.4.11.3.9.11.10.15.13.7	3.5.1.14.3.32.4.16
7	14.12.5.12.3.10.11.10.13.13.7	1.17.3.36.4.21
8	14.12.5.**11**.3.10.11.10.13.13.7	1.17.3.**37**.4.21
9	14.12.5.12.3.10.11.10.13.13.7	1.17.3.36.4.21
10	14.12.5.11.3.10.11.13.13.13.7	1.16.3.**28**.4.**20**
11	**17**.12.**6**.11.3.**11**.**8**.**10**.**11**.**14**.**6**	**0**.**1**.**3a**.**3**.**1a**.**11**
12	14.12.5.11.3.10.11.13.13.13.7	1.16.3.27.4.21
13	14.12.5.11.3.10.11.13.13.13.7	1.16.3.27.4.21
14	14.12.5.11.3.10.11.13.13.13.7	1.16.3.27.4.21

明らかに、トーマス・ジェファーソンの父方の兄弟（フィールド）の5人の子孫のマイクロサテライトの型（表8-1中の「1」～「5」）と、エストン・ヘミングス・ジェファーソンの子孫の型（同じく「6」）が一致し、エストンがトーマス・ジェファーソンとサリー・ヘミングスの子どもである確率が高い、という結果になった。

一方、サミュエルとピーター・カー兄弟がもっと考えられる祖父のジョン・カーの子孫のマイクロサテライトの型（同「7」～「9」）は、これらとは異なるものだった。したがって、カー兄弟が、マディソンやエストンの父である確率は低いと判定された。

また、同時に調べられたトーマス・ウッドソンの子孫のマイクロサテライト（同「10」～「14」）も、いずれもジェファーソン家のものとは違っていた。

結局、サリー・ヘミングスの子ども（図8-1のa、f、g）のうち、aのトーマス・ウッドソンの父は別人、fのマディソンとgのエストンの父はトーマス・ジェファーソンその人ではないか、と考えられた。

もちろんY染色体の情報だけでは断定することは不可能だ。フィールド・ジェファーソンの子孫の誰かが父という可能性もあるし、トーマス・ジェファーソンの弟かその子孫である可能性も否定できないが、年齢などの状況証拠が、「トーマス・ジェファーソン父親説」を強く示唆しているのである。

その後のエピソード

興味深いのは、この結果が出た後の人間模様だ。

じつは、遺伝子解析をした研究者ユージーン・フォスターは、解析前に血液をもらった人たちと契約を交わしていたにもかかわらず、結果を本人たちに知らせる前に、プレス発表してしまったのである。

特に、ウッドソン一族にとっては、この結果によって、口述でいろいろな親族から伝えられてきたファミリーヒストリーの重要な証拠が覆されたことになる。「じつは、ジェファーソンの子孫ではなかった」という重要な事実を、自分たちが知る前に公表される、というとんでもない事態が現実になったのだから、激怒したのも当然であった。

さらには、遺伝子解析の目的が何であるかも知らされないうちに契約書に判を押すことを余儀なくされたという事情もあり、当然ながら、研究者倫理が問題となった。1978年に結成された親族懇親会において、初めて会った多くの家系でも細部にいたるまで同じストーリーが伝えられてきていたこともあり、よもや誤りだとは、誰一人、予想だにしていなかったのである。

オーラルヒストリーというのは当然にして、都合の良いところしか記録していないことが多いので、百パーセント信頼できるとはかぎらないのが前提ではある。リチャード3世に関してまさにそうであったように、文字として残された歴史も、書き手の意図や理解した範囲にとどまるため、それがほんとうの歴史ではないことは明らかだ。

歴史とは「現在と過去との対話」（E・H・カー『歴史とは何か』より）であり、遺伝子とオーラルヒストリーのどこかで一致を図るしか、真実を知る手立てはない。そしてそこに限界があることも、前章で見たとおりである。

とはいえ、なぜ一族の与《あずか》り知らぬところで、家族の歴史に重大な影響をおよぼす研究結果が発表されることになったのか？

⚜驚愕したウッドソン一族

ウッドソン一族には当初、遺伝子解析の手法や結果を理解できる者がおらず、研究の意味についても、自分たちが信じている「トーマス・ジェファーソンの末裔」という事実を再確認させてくれるものだと思っていた。

したがって、何よりもおどろかされたのは、自分たちのオーラルヒストリーと遺伝子解析の結果が異なっていたという事実に対してであった。当時の奴隷は読み書きを教えてもらえなかったため、オーラルヒストリーという手段でしか、世代を超えて事実を伝えることはできなかった。その大切にしてきた歴史が、望まぬかたちで覆されたのである。

ユージーン・フォスターの研究結果は1998年の「ネイチャー」誌に発表されたが、ウッドソン一族は当然、掲載前に結果を知らされるものと思い込んでいた。ところが、「ネイチャー」側が発表を急いだために、結果的に発表が先になってしまったのである。

不幸なことに、この論文が出た当時は、時の大統領であったビル・クリントンの不倫騒動が世を賑わせている最中であった。論文は、この裁判が開始されるまさにその時期に、アクセプトされている。

「大統領トーマス・ジェファーソンの秘密の性生活」というスキャンダラスな言葉とともに発表が急がれた背景には、クリントン事件で世間が大統領の醜聞に敏感になっていた……という事情もはたらいた可能性がある。

ウッドソン一族は、自らのファミリーヒストリーを書き換える重大な事実を、新聞やレポーターが騒ぐテレビ中継で知ったのであった。

研究者も怒っていた

一方、研究者であるフォスター側も、「ネイチャー」誌に対して怒っていた。もともと「ネイチャー」誌では、細かな実験手法などを極力省いたかたちで報告されるため、科学界に専門家のいないウッドソン一族がすぐに理解できないのも無理はなかった。また、政治的なニュースバリューが大きかったため、「ネイチャー」誌側が特別に出版を急ぎ、しかも一般プレスにリークしたという事情もあって、フォスターにとってはウッドソン一族に知らせる余裕がなかったともいわれている。

結局このDNA解析は、遺伝子を採取した数人の許可を得ただけであり、ウッドソン親族懇親会全員の公式な賛同を得てはじめられたわけではなかった。いまとなっては、研究開始の手続き段階から不手際があったと非難されても仕方がない。

再度おこなわれたDNA解析

このような経緯をふまえて、ウッドソン一族はもう一度、他の研究者の手で結果が再現されるか否かを検証することにした。フォスターの出した結果は、彼らにとってそれほど納得のいかないものであった。

以下は、再検証を担当したスローン・ウィリアムズの論文からの引用である。

一族との会合では、「Y染色体の突然変異で、結果が誤りであると説明できないか」とか、「トーマス・ジェファーソン本人の子孫でなく、フィールド・ジェファーソンの子孫をなぜ使ったのか」、あるいは「フォスターの結果を説明する別の可能性はないか」などという意見が出された。

家系図を見ていただければ明らかなように、具体的には「トーマス・ウッドソンの3人の息子の父は、ほんとうはトーマス本人ではなかったのではないか」とか、「トーマス・ジェファーソンは父ピーターの子ではないのではないか」、または「ピーターとフィールド兄弟の父親が異なるのではないか」といった疑問点の提示である。

果ては「トーマス・ウッドソンと妻ジェミーマとのあいだの二人の息子は、前の結婚相手との子ではないか」という意見まで出るほどであった。さすがに、「もしそうであったとしても、フォスターの結果は覆らない」とたしなめられたが、ウッドソン一族の狼狽は察するにあまりある。

ウッドソンはなぜ、自らの親族に「自分はトーマス・ジェファーソンの子である」といい、それが口伝てに子孫に伝えられたのか？　ふしぎなのは、決してそれを公言することなく、親族の

《表8-2》Y染色体のマイクロサテライトの比較

人名	DYS19	DYS390	DYS391	DYS392
トーマス・ウッドソン子孫	14	11	13	13
ジョン・ウッドソン子孫1	11	14	16	15
ジョン・ウッドソン子孫2	11	14	16	15
フィールド・ジェファーソン子孫	15	11	10	15
ジョン・カー子孫	14	11	10	13

あいだだけのこととして伝えられてきているのだ。偉大な大統領の系譜であることを自慢したかったわけでは決してない。

ウッドソン親族懇親会では、フォスターが鑑定したウッドソンの子孫は、トーマス・ウッドソンの年長の息子2人の子孫の計5人であり、息子二人は妻ジェミーマの前の結婚相手の子ではないか、という疑いも出されているので、いちばん下の息子ウィリアム・ウッドソンの子孫を調べるべきだ、という結論になった。しかし、その結果は、「3人の息子ともに、トーマス・ウッドソンの実子」というものであった。

もう一つの可能性は、トーマス・ウッドソンは自分がはたらいていたプランテーションのオーナーであったジョン・ウッドソンの息子ではないか、というものである。そこで、現存しているジョン・ウッドソンの二人の子孫のY染色体のマイクロサテライトを見たところ、この二人は完全に一致し、それはトーマス・ウッドソンの子孫、フィールド・ジェファーソンの子孫、ジョン・カーの子孫とまったく異なることが判明した(表8-2)。

この結果、ジョン・ウッドソンがトーマス・ウッドソンの父である可能性は否定されることとなった。

⚜もう一つの「その後」

すべてのDNA解析の結果、トーマス・ウッドソンはトーマス・ジェファーソンの子ではない可能性が高いと判定された。

しかし、その後になって、ウッドソン一族はトーマス・ジェファーソンの関係者でつくっているモンティチェロ協会の会合に招待され、2002年にモンティチェロ家族グループの一員となった。マディソン・ヘミングスとエストン・ヘミングス・ジェファーソンの子孫たちは、ウッドソン一族もファミリーメンバーとして迎え入れたが、ウッドソン家の人たちには忸怩《じくじ》たるものがあるのではなかろうか。

本章の冒頭で紹介したように、アメリカ人は家系の話が大好きである。今回は、思わぬ悲劇がウッドソン一族を襲ってしまった。

DNA解析は、知りたい情報だけでなく、思わぬ副産物をもたらすことがある。たとえば、「遺伝子を調べれば人種がわかる」という偏見がある。人種とは、単に肌の色だけでなく、社会・経済・文化的要素を大きくともなう概念であり、遺伝子解析によって判別できるような生物学的基盤をもつものではない。「遺伝子が何もかも決定する」という、魅力的だが短絡的な考えに陥るのはきわめて危険だ。

「遺伝子が語りえないこと」とは？

「遺伝的アイデンティティー」とは何であろうか。

ウッドソン一族にしても、最初のトーマス・ウッドソンからつづく子孫においては、ウッドソンに関係のない妻と結婚し、またその子は……、というように、世代を経るごとに生物学的なトーマス・ウッドソンの遺伝子は希釈されていくはずである。となると、300年後に残るアイデンティティーとは、ほぼ完全に文化的なものだけになっているのではないだろうか。

この事件は、興味深い点を残してくれた。

それは、一般の関心が「真実は何か」という点に絞られていたことである。いくら科学的に遺伝子のことを説明しても、返ってくる答えが「それはわかりましたが、真相はどうなんですか？」というものだったのだ。それは、研究者が研究すれば必ず答えが出るものだと、百パーセント信じている人だけが発する問いである。

しかし、今回の事件がまざまざと物語っているように、現存する人のDNA解析から、すべての家系を説明する明快な答えが出るわけではない。〝ある可能性〟が強く示唆される、ということにとどまるのが実情なのである。

本書で紹介してきたさまざまな家系の謎をＤＮＡはどう、どこまで明らかにしたか、そして明らかにできなかったのはなにか、をもう一度確認していただきたい。「遺伝子」が語りうることと、語ることができないことをしっかり峻別するのは、とても大切なことなのである。

おわりに

英国王室から古代エジプト、そして建国初期のアメリカまで、DNA解析によって世界史が書き換えられた例をご紹介してきた本書も、いよいよ幕を下ろすときが来た。

いずれは我が国でも、このような解析がおこなわれるのが望ましい。犯罪捜査や親子鑑定に用いられるDNA鑑定ももちろん重要だが、書物に残された歴史が、決してありのままの実像ではないことは、リチャード3世やツタンカーメン、ジョージ3世やラメセス3世の物語で明らかになったとおりだ。

本文中でも触れたように、人骨に残されたDNAは、きわめて重要な歴史的遺物である。言語で記録された史実の検証に活用できることはもちろん、人類全体にとっても、進化や拡散に関する貴重な情報をもたらしてくれるものだからである。

各王室の話題については、対象となる王家の人々を解析・研究した主要論文に沿って紹介してきた。ただし、本文中でも指摘したとおり、その研究結果に対して異論が出されていることも、再度確認しておかなければならない。

果たして、古い時代のDNAに基づくデータがどの程度、正確なのか。骨に付着した細菌や、空中に浮遊する微生物のDNAは混ざっていないか。かつての盗掘者や研究者のDNAが含まれている可能性はないのか。

このような疑問に答えるには、微量なDNAの抽出技術や解析精度を向上させて、データの信頼性を高める以外に方法はない。これからの生命科学には、人骨に残されたDNAが重要な歴史的遺物であることを肝に銘じて、進歩していく必要と責任がある。

私は、現時点では、歴史のロマンに想いを馳せつつ、そこに従来とは異なる視点を投げかけているDNA解析の結果を楽しむのがよいのではないかと考えている。往時に想いを寄せて、かつての王家の人々がどのように暮らし、何を残そうとしたのかを考えるだけでも、楽しいことではないか。

早晩、新しい技術を用いた解析がおこなわれるはずだし、他の遺物からのデータも蓄積していくだろう。文書に残された記録を、DNAで記述される歴史が補完していくとすれば、新しい学問分野が拓かれることは間違いない。

やがて、「分子歴史学」、あるいは「DNA歴史学」とよばれる文理融合の新分野が発展していくことを期待しつつ、本書を閉じることにしよう。

＊

本書を執筆するにあたり、さまざまな示唆や助言をいただいた講談社ブルーバックス編集部の倉田卓史さんに感謝申し上げます。倉田さんとは、20年前に初めてお会いしたときから、「遺伝についてわかりやすく、そして興味をもって読んでもらえるような本を書きましょう」と約束していました。それから長大な時間が経ってしまいましたが、ようやくこの本で約束を果たすことができ、ほっとしています。

また、図表を作成するにあたっては、西村典子さんにお世話になりました。ありがとうございました。

２０１９年６月吉日

石浦　章一

〈第4章〉

Hawass, Z. *et al.* (2010) Ancestry and pathology in King Tutankhamun's family. *JAMA* 303 : 638

Marchant, J. (2011) Curse of the pharaoh's DNA. *Nature* 472, 404

Habicht, M.E. *et al.* (2016) Identifications of ancient Egyptian royal mummies from the 18th dynasty reconsidered. *Yearbook of Physical Anthropology.* 159 : S216

〈第5章〉

Schuenemann, V.J. *et al.* (2017) Ancient Egyptian mummy genomes suggest an increase of sub-Saharan African ancestry in post-Roman periods. *Nature Communications.* 8 : 15694

Lynch, V.J. et al. (2015) Elephantid genomes reveal the molecular bases of woolly mammoth adaptations to the arctic. *Cell Reports* 12 : 217

斎藤成也　(2016)　ゲノム配列とゲノム規模SNPデータが解明する現生人類の進化。遺伝70 : 460-464

〈第6章〉

Cox, T.M. *et al.* (2005) King George III and porphyria : an elemental hypothesis and investigation. *Lancet* 366 : 332

Peters, T. (2011) King George III, bipolar disorder, porphyria and lessons for historians. *Clin.Med.* 11 : 261

〈第7章〉

Hawass, Z. *et al.* (2012) Revisiting the harem conspiracy and death of Ramesses III : anthropological, forensic, radiological, and genetic study. *BMJ* 345 : e8268

参考文献

〈第1章〉

King, T.E. *et al.* (2014) Identification of the remains of King Richard III. *Nature Communications* 5 : 5631

Appleby, J. *et al.* (2015) Perimortem trauma in King Richard III : a skeletal analysis. *Lancet* 385 : 253

Buckley, R. *et al.* (2015) 'The king in the car park' : new light on the death and burial of Richard III in the Grey Friars church, Leicester, in 1485. *Antiquity* 87 : 519

【な行】

【は行】

【さ行】

【た行】

【か行】

【アルファベット・数字】

【あ行】

【人名：た行】

【人名：な行】

【人名：は行】

【人名：ま行】

【人名：や行】

【人名：ら行】

さくいん

【人名：あ行】

【人名：か行】

【人名：さ行】

N.D.C.421　254p　18cm

ブルーバックス　B-2099

王家《おうけ》の遺伝子《いでんし》
DNAが解き明かした世界史の謎

2019年 6 月20日　第1刷発行

著者　石浦章一《いしうらしよういち》
発行者　渡瀬昌彦
発行所　株式会社講談社
〒112-8001　東京都文京区音羽2-12-21
電話　出版　03-5395-3524
販売　03-5395-4415
業務　03-5395-3615
印刷所　（本文印刷）株式会社新藤慶昌堂
（カバー表紙印刷）信毎書籍印刷株式会社
製本所　株式会社国宝社

定価はカバーに表示してあります。

ISBN978－4－06－516614－7

発刊のことば

科学をあなたのポケットに

二十世紀最大の特色は、それが科学時代であるということです。科学は日に日に進歩を続け、止まるところを知りません。ひと昔前の夢物語もどんどん現実化しており、今やわれわれの生活のすべてが、科学によってゆり動かされているといっても過言ではないでしょう。

そのような背景を考えれば、学者や学生はもちろん、産業人も、セールスマンも、ジャーナリストも、家庭の主婦も、みんなが科学を知らなければ、時代の流れに逆らうことになるでしょう。

ブルーバックス発刊の意義と必然性はそこにあります。このシリーズは、読む人に科学的に物を考える習慣と、科学的に物を見る目を養っていただくことを最大の目標にしています。そのためには、単に原理や法則の解説に終始するのではなくて、政治や経済など、社会科学や人文科学にも関連させて、広い視野から問題を追究していきます。科学はむずかしいという先入観を改める表現と構成、それも類書にないブルーバックスの特色であると信じます。

一九六三年九月　野間省一